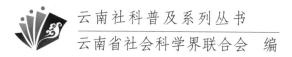

云南社科普及系列丛书

云南省社会科学界联合会 编

"碳达峰 碳中和" 大学生知识教育概览

苏建兰 龙 勤 编著

U0285352

中国林业出版社
·CF·PH· China Forestry Publishing House

图书在版编目（CIP）数据

"碳达峰 碳中和"大学生知识教育概览/苏建兰，龙勤编著.-- 北京：中国林业出版社，2022.10
ISBN 978-7-5219-1892-2

Ⅰ.①碳… Ⅱ.①苏…②龙… Ⅲ.①二氧化碳–节能减排–环境教育–青少年读物 Ⅳ.①X511-49

中国版本图书馆CIP数据核字（2022）第181835号

策划编辑：何 鹏
责任编辑：何 鹏 李丽菁
封面设计：北京五色空间文化传播有限公司

出版发行：中国林业出版社
　　　　　（100009，北京市西城区刘海胡同 7 号，电话 83223120）
电子邮箱：cfphzbs@163.com
网　　址：www.forestry.gov.cn/lycb.html
印　　刷：三河市双升印务有限公司
版　　次：2022 年 10 月第 1 版
印　　次：2022 年 10 月第 1 次印刷
开　　本：710mm×1000mm 1/16
印　　张：12.5
印　　数：1~3000
字　　数：220千字
定　　价：60.00元

工业文明为人类积累了前所未有的物质财富的背后是对自然资源和环境的掠夺式开发利用，不可再生资源过度消耗以及工业化进程中温室气体大量排放，造成了全球日益严重的环境污染，温室效应、生态系统破坏、极端自然灾害频发，人类正面临着严峻挑战和考验，环境治理已成为全球的重点和难点问题。中国作为发展中大国，积极开展环境治理，战略部署生态文明建设，大力开展高质量发展以充分发挥负责任大国在环境治理中的作用与贡献。中国政府继《巴黎协定》承诺后，于 2020 年 9 月 22 日提出"碳达峰、碳中和"目标，明确中国力争 2030 年 CO_2 排放达到峰值，努力争取2060 年前实现碳中和目标。《中华人民共和国国民经济和社会发展第十四个五年规划和 2035 年远景目标纲要》强调生态文明建设实现新进步，要求生产生活方式绿色转型成效显著，能源资源配置更加合理、利用效率大幅提高，单位国内生产总值能源消耗和 CO_2 排放分别降低 13.5%、18%，主要污染物排放总量持续减少，森林覆盖率提高到 24.1%，生态环境持续改善，生态安全屏障更加牢固，城乡人居环境明显改善。2021 年 10 月，中共中央、国务院《关于完整准确全面贯彻新发展理念做好碳达峰碳中和工作的意见》和《2030年前碳达峰行动方案》相继出台，构建了关于双碳目标"1+N"政府体系的顶层设计，确定了"碳达峰、碳中和"目标的时间表、路线图和实施图，为重点领域和行业配套政策的制定奠定了基础。"碳达峰、碳中和"目标的实现过程实质为我国广泛而深刻的经济社会系统性变革，是未来很长时期的主要目标与任务，亟须在战略部署下开展系统的思考与统筹谋划，才能有计划分步骤实施"碳达峰、碳中和"行动，深入推进能源革命，规划建设新型能源体系，加强绿色低碳发展，积极参与应对气候变化全球治理。

当代大学生作为"碳达峰、碳中和"目标的重要参与群体，不仅是"碳达峰、碳中和"政策法规的宣传者与推动者，还是依托专业背景的减碳增汇实践者，低碳生产和生活的倡导者。这要求大学生全面了解并熟悉现行国际和国内环境治理、节能减排的政策法规，掌握国内"碳达峰、碳中和"目标实践现况、机遇和挑战，结合专业知识和未来所从事行业，力争在节能环保领域做出积极贡献；另一方面，还要求大学生运用熟悉的知识，加强宣传与推广，积极参与节能环保监督与实践，践行绿色生产和绿色生活，为构建低碳社会充分发挥作用。

《"碳达峰 碳中和"大学生知识教育概览》作为科普读物，是基于国际环境治理和中国"双碳"目标实现的背景，强调高校在环境治理和绿色发展中的重要作用以及对大学生普及"碳达峰、碳中和"知识的紧迫性，以高校大学生知识普及让他们全面深入了解国际减排形势和中国国家自主贡献的重要影响，提高绿色和低碳意识，加强"碳达峰、碳中和"人才培养，激励不同专业背景的大学生充分钻研专业知识以为绿色高质量发展贡献力量，从校园培养低碳生活习惯，成为真正意义上的绿色生产和绿色消费的实践者。鉴于此，本著作结合大学生特征及其掌握的知识体系，基于核心概念和理论基础，诠释中国"碳达峰、碳中和"政策演变和发展沿革，阐明中国"碳达峰、碳中和"目标和影响，借鉴国外"碳达峰、碳中和"先行经验与案例，普及中国"碳达峰、碳中和"政策和路径选择，提出大学生如何参与"碳达峰、碳中和"的途径，以为中国绿色可持续发展添砖加瓦。

本书稿有幸由云南省社会科学界联合会组织专家评审并提出宝贵修改建议，获"2022年度云南省社会科学普及读物出版资助项目"立项并全额资助出版，特别感谢吴丽萍和阮凤平两位老师对书籍出版的辛苦付出！衷心感谢中国林业出版社何鹏编辑为书稿付梓所给予的大力帮助与支持！同时，书稿作为西南林业大学 2021 年度校级文科重点项目成果，十分感谢我校社会科学管理办公室的支持！此外，书稿撰写过程中，胡忠宇、尹书琴、王欢欢、肖永茂等研究生参与了资料收集、部分内容编撰和校稿工作，在此一并感谢！

由于编者的水平和能力有限，此科普读物难免存在一些不尽人意之处。敬请专家学者和读者批评与指正！您的不吝赐教将是我们的宝贵财富。

编著者

2022 年 8 月

目录

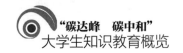

一　高校开展"碳达峰、碳中和"教育的背景

（一）全球气候变化

1. 全球气候变化背景

气候变化是全世界共同面对的难题，不仅会造成珊瑚礁大比例退化、北极夏天无冰危机、永久冻土解冻、强降水概率升高，还会导致飓风、洪水、干旱、山林火灾等极端天气事件的出现，对人身安全、财产安全以及粮食安全带来巨大威胁。自然环境和气候变化给人类带来了恶劣影响，据联合国粮食及农业组织和世界粮食计划署数据显示，2020 年全球有超过 5000 万人受到气候灾害和突发事件的影响且产生了粮食危机。与此同时，自然灾害频发和疫情暴发引发了人们对人与自然关系的深刻反思，气候变化问题引起了全球广泛关注，国际社会亟须在应对气候变化问题中找准方向、坚定信念、凝聚广泛共识和形成更强大合力。

纵观国际形势，世界各国均以缔结盟约方式实现减少温室气体排放这一共同目标。2017 年有 29 个国家签署了碳中和联盟协议声明并承诺 21 世纪中叶之前实现碳零排放目标；2019 年在马德里气候峰会上有 66 个国家选择加入碳中和目标行列；至 2021 年，全世界已陆续有 120 多个国家提出适合自身发展状况的碳达峰、碳中和目标，全球碳达峰、碳中和的共识已经形成并且在不断壮大。截至目前，全球范围内已有 54 个国家实现碳达峰目标，且绝大多数为率先完成工业革命的发达国家①。中国作为负责任的大国，党的十八大之后，中国彻底扭转了环境治理与经济发展相矛盾的观念，认为经济发展不能再以牺牲环境为代价，取而代之的应是高质量的经济发展模式，结合自身国情提出了中国特色的战略部署。2020 年 9 月，中国向国际社会就碳达峰、碳中和议题做出郑重承诺，在全球范围内引起了广泛关注。2021 年全国两会，碳达峰、碳中和被首次写入政府报告并对其展开路径提出了相应的战略方针。这一举措大大提振了全球双碳共识信心，加快了全球碳达峰、碳中和共建共识的形成。

---

① 陈雅如，赵金成. 碳达峰、碳中和目标下全球气候治理新格局与林草发展机遇 [J/OL]. 世界林业研究，2022（6）：1-6.

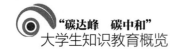

2. 极端天气事件

1）极端天气事件内涵及背景

工业化进程飞速发展，人类进入工业文明时代，科技、经济、文化、生产生活方式等变革带给了全人类前所未有的物质财富，但物质福利背后是自然环境的超常规利用，主要包括工业化生产严重依赖不可再生资源、工业生产过程中废气废液对大气以及水体造成了不可逆转的环境污染，影响了人类健康和居住环境，这进一步加剧了工业文明时代的人与自然的矛盾，导致气候变化、生态系统破坏、环境污染，以及极端天气事件频发。多数气候权威机构均表示全球正在面临着气候变化带来的严峻挑战和考验。

联合国政府间气候变化专门委员会（Intergovernmental Panel on Climate Change，IPCC）自1990年开始每隔6年定期发布有关全球气候变化的评估报告及多个相关的特别报告。1990年，联合国政府间气候变化专门委员会关于气候变化的科学评价报告概要提及：确信人类活动产生的气体排放物正逐步增加，且温室效应也在增强[1]。1995年，联合国政府间气候变化专门委员会发表的第二份评估报告指出：人类生产生活活动所产生的二氧化碳（CO_2）等温室气体与全球变暖的现状息息相关；干旱和洪水灾害可能会增加；极端降水事件可能会增加[2]。2001年，联合国政府间气候变化专门委员会第三次评估报告提出：证实全球变暖大部分原因是由人类活动造成的；发展中国家和穷人相较于其他更容易受到极端天气变化的影响。2007年，联合国政府间气候变化专门委员会的第四次评估报告指出：全球变暖毋庸置疑，极端天气事件的发生次数和对环境造成的影响增强，且气候变化也会越来越严重。2014年，联合国政府间气候变化专门委员会第五次评估报告指出：人类对环境气候带来的破坏无法逆转但有办法构建一个可持续的未来。2018年，联合国政府间气候变化专门委员会第48次全会通过了与人类社会息息相关的《全球1.5℃增暖特别报告》，并成为联合国政府间气候变化专门委员会最广为人知的一份特别报告，报告从气候、人类以及经济影响方面指出：全球温升控制在1.5℃以内会避免珊瑚礁大比例退化、北极夏天无冰危机、永久冻土解冻、强降水概率升高、森林火灾等气候变化带来的损失与风险，也会避免由气候变化对人口比例以及工业产生负面影响，并会推进经济向可持续方向发展。

① 张凤廷. IPCC 第一工作组关于气候变化的科学评价报告概要 [J]. 新疆气象，1991（02）：45-46+48.
② 任国玉. 气候变化的历史记录和可能原因——IPCC 1995 第一工作组报告评述 [J]. 气候与环境研究，1997（02）：81-95.

全球变暖不仅仅意味着温度上升，更重要的是气候变化也会随着全球升温而加剧。根据世界气象组织（WMO）规定：如果气候要素的小时、日、月或年值超过25年，气候要素的这个值是"异常的"。以"异常"气候指标为特征的气候称为"极端气候"，干旱、洪水、高温和低温均被视为极端天气事件。极端天气事件是气象事件，是指历史上在某个地区某个时间段内所出现的极端气温（高温和低温）、极端干旱、极端降水等重大灾害连锁事件。

2）近年来全球重大自然灾害总体情况

联合国减少灾害风险办公室数据显示，近年来全球重大以上（灾害造成10人及以上死亡；或影响100人及以上；或灾区宣布进入紧急状态；或灾区申请国际援助）自然灾害呈多发趋势，且灾害造成的不利影响逐年上升。2020年，全球发生重大以上自然灾害事件389起，造成15080人死亡、9840万人受灾，经济损失达1713亿美元。

从中长期来看，近20年以来，无论是重大以上自然灾害发生数量、死亡人数、受灾人数，还是经济损失，比以往均有增加。数据显示，2000—2019年，全球累计重大以上自然灾害发生数量达7348起、死亡人数达123万人、受灾人数达40.3亿人、经济损失达2.97万亿美元，比1980—1999年分别上升了74.5%、3.4%、24.0%和82.2%。

3）近年来典型极端天气气候事件灾害损失

飓风"卡特里娜"（Hurricane Katrina）于2005年8月25日"降临"美国佛罗里达，时间持续到9月上旬，影响地区有密西西比、阿拉巴马、古巴、巴哈马、路易斯安那，财产损失达到800余亿美元（以2005年美元统计值计），死亡人数下限为1833人。据相关统计，此次灾难受灾面积范围近乎等同于英国本土的占地面积，飓风自然灾害带来的各种灾难接连不断，被公认为历史上损失最大的自然灾害。

热带风暴"纳尔吉斯"（Cyclone Nargis）于2008年5月2日在缅甸的海基岛附近登陆，重灾区有仰光区、孟邦、伊洛瓦底区和克伦邦。据缅甸政府官方统计，风灾遇难者人数已至2.25万人，导致缅甸2008年10月公投推迟，灾情期间所有物资翻涨3倍，部分重灾区出现停水停电等事件。

超强台风"海燕"（Super Typhoon Haiyan）于2013年11月8日起，先后在菲律宾、中国大陆、越南登陆，造成近2.9万人受伤，6300人死亡，中国死亡人数30人，越南死亡人数14人，本次台风中共有约1072人失踪，经济损失总计高达43.9亿美元。海燕风级及死亡人数使其成为世界台风排名第一，其显著

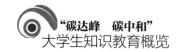

特点历史罕见，具体为强度高（17 级）、移动速度快（每小时高达 35~50 千米）、路径曲折（北翘东折）、风雨剧烈（所经之地暴雨）、影响时间偏晚。

美国在 2017 年飓风和洪水方面的自然灾害次数和总损失为有史以来最严重。受灾时间集中在 4~11 月，美国陆地和海外领域相继遭受到 17 次飓风和洪水侵袭，其中，飓风"哈维"与"艾玛"相继肆虐佛罗里达州与德克萨斯州，接踵而来的两个飓风对当地生态环境造成了极大影响，同时，对经济的影响相当于美国当年 GDP 的 1.5%，损失高达近 3000 亿美元。

台风"山竹"（Super Typhoon Mangkhut）于 2018 年 9 月 15 日从菲律宾北部登陆，16 日在中国广东台山海晏镇登陆，风力高达 14 级。除台风外，恶劣天气和洪灾造成大量经济损失和人员伤亡，菲律宾经济损失约为其 GDP 的 6.6%，金额近 200 万亿美元。台风在中国境内肆虐席卷 5 个省份，受灾群众近 300 万人。其中，5 人死亡，1 人失踪，千余间房屋倒塌，直接经济损失约为 52 亿元。

2018 年 11 月，美国受干旱等其他气象因素影响，在美国加利福尼亚州突然发生特大山火，此次山火已成为加利福尼亚州人民记忆中最为深刻的一次火灾，失踪人数 200 余人，死亡人数 85 人，烧毁近两万栋居民住宅以及其他建筑。

法国在 2019 年 6 月 28 日至 7 月 7 日以及 7 月 21 日至 7 月 27 日接连两次经历高温热浪，这两次热浪导致近 1600 人死亡。其中，约有半数为七旬老人，还有 10 人是在工作时死亡。

2019 年 11 月，丛林大火从澳大利亚东部开始蔓延，时间持续了 4 个月。截至 2020 年 2 月 4 日，山火燃烧澳大利亚多地，导致了 30 余人死亡，动物死亡数量更是多达 30 余亿，近 3000 间房屋住所以及超过 1170 万公顷土地被焚烧破坏，所造成的经济损失超过 50 亿，生态环境遭受严重破坏。

截至 2020 年 10 月 4 日，美国加利福尼亚州大片土地被山火焚烧殆尽，焚毁面积近 1.6 万平方千米（接近北京市面积），直接导致 30 余人死亡，近万所建筑物被大火损毁，5 万余人无家可归，直接经济损失超过 120 亿美元，这在美国历史上是前所未有的。

2021 年 2 月中旬，美国出现了极寒天气记录，覆盖了美国大陆 73% 以上的区域，至少有 20 个城市打破了历史最低气温记录。据统计，此次寒潮造成 70 多人死亡，灾难引发的电力不足等次生事件加剧了美国社会混乱。

2021 年 7 月 17~23 日，河南省郑州、漯河、开封、新乡、鹤壁、安阳等地暴发了持续性强降水天气，暴雨造成郑州 5 号线 14 人遇难以及京广路隧道 6 人遇难。截至 2021 年 7 月 25 日，暴雨引发的洪涝和次生灾害造成河南省 1144.78 万人受灾，遇难以及失踪人数 398 人。

3. 极端天气事件影响

极端天气的影响主要从以下三个方面进行概括：

第一，极端天气事件严重威胁着人类社会的生产和生活，是人类社会发展道路上必须解决攻克的难题。而且极端天气和次生灾害不仅扰乱了人类生产、经营活动，甚至在有关区域内，公众还必须暂时搁置正常工作计划来进行自救和恢复工作。在双重恶性影响下，社会发展速度减缓甚至出现负增长，导致欠发达国家和地区的社会生产生活可能会出现"因灾致灾、因灾返贫"的恶性循环现象。

第二，恶性的气候变化事件对全球生态环境以及人们美好生活造成了极为严重的影响，改善气候问题成为我们生存发展中所必要达成的目标，以减少短时间内极端天气事件及其次生灾害对人类造成经济损失；从长远来看，灾后重建和恢复需要大量人力、财力和物力，使得灾区人口和社会群体的心理创伤难以抚慰。

第三，恶劣的气候变化也给灾难救援行动以及对恶劣气候事件的防范带来了全新问题，在进行搜救工作的过程中，极端天气事件连锁发生所带来的恶劣天气与自然灾害突发给原本的救援行动带来了极大的未知性，使我们不得不重新重视环境问题并对即将到来的灾害有所防范。

（二）中国环境治理与绿色发展形势要求

1. 环境治理内涵及背景

环境管理的概念起源于欧洲国家，国际社会对其具体内容尚无明确定义，甚至存在争议。世界资源研究所（the World Resources Institute，WRI）提出了世界公认的全球环境治理的三个基本要素：一是政府间国际组织的集合；二是《国际环境法》；三是资金机制。联合国环境规划署（UNEP）对全球治理内涵的界定与之具有高度相似性[1]。中国环境治理研究专家俞可平教授提出了概念不相悖、主旨相通的治理三要素，为治理主体、治理机制和治理成效[2]。

在美国、德国、英国、法国等西方国家第二次工业革命之后，人类生活与

---

[1] World Resources Institute. World resources 2002-2004 : Decisions for the earth : Balance, voice and power [R]. Washington DC：WRI, 2003.

[2] 俞可平. 论国家治理现代化 [M]. 北京：社会科学文献出版社, 2014.

科学研究重心便已经从"蒸汽"转移到"电气"。随着经济、文化、政治、军事、科学技术进步和社会生产力提高，发达国家的污染问题随着工业快速发展而变得越来越严重。许多生态学家认为，工业革命是人类污染史上的一个转折点。在第二次工业革命之前，俄罗斯的污染在14世纪早期有所减少。19世纪，俄罗斯的污染有所增加，但只是在少数地区且污染水平总是很低。由于大自然具有自洁能力不会造成很大危害，这一时期的环境污染仍处于初级阶段。污染源主要集中在石油和煤炭，污染区域集中、有限，环境污染产生的危害总体较小。第二次工业革命后，发达国家的科技及能源等产业极速发展，CO_2和Zn、Pb、Cu、As等重金属污染了大气、土壤和水。作为首先"完成"工业革命的国家，英国伦敦雾霾事件表明了人类解决环境问题的必要性。伦敦雾霾的主要污染源是工厂排放的气体和灰尘，以及伦敦居民在冬季燃煤产生的有害气体和污染物。一年中有几十天的低能见度和浓雾，造成伦敦居民呼吸道和眼疾发病率居高不下。在20世纪50~60年代，伦敦所记载的死亡人数已经超过了4000人，其中，大多数与呼吸系统有关，如流感和肺结核。同样，德国的工业中心也笼罩在浓烟之中。甚至有报道称，浓烟会导致植物死亡、衣服是黑色的，白天需要人工照明。德累斯顿的穆格里兹河因附近玻璃厂的废水而成为"红河"，哈茨的一条河也难逃"红河"命运，所有的鱼类死于PbO，陆地动物也因饮用河水出现死亡现象。类似事件引起了西方国家对环境污染严重性的关注。英、德、美、法等国加大了污染治理和管控力度，采取了积极的环境管理措施。经过多年努力，发达国家积累了许多成功经验，对全世界所有城市环境政策都提供了先行经验。

2. 中国环境治理与绿色发展背景

极端天气事件越来越受到人类社会的关注，背后蕴藏的全球变暖原因等环境议题进入人类视野，环境治理被公认为全人类应当始终摆放在突出位置的公共事务。环境治理与所有人的切身利益密切相关，良好的生态环境是人类生存和社会稳定的基本前提和重要基础[1]。然而，日本公然决定排放核废水入海、美国退出《巴黎气候协议》等事件给全球环境治理带来了严峻挑战。作为环境治理的积极参与者，中国正视并重视气候变化带来的影响与危害，积极做出与之相应的行动，根据我国国情，义不容辞地提出了"碳达峰、碳中和"的承诺并将其视作我国必将达成的目标。中国向全世界宣告了一系列有关环境保护、治理，以及绿色

---

① 陈宝东，王颖鹏. 政府审计、媒体关注与环境治理 [J]. 资源与产业，2021，23（05）：89-97.

发展的极有远见和可执行性的政策方略，明确提出生态环境治理是环境治理中必不可少的一部分，并在 2020 年 9 月提出两项环境治理的新目标，将其写入次年政府报告。在第七十五届联合国会议上，中国政府提出了 2030 年 CO_2 排放量达到最大，即我国 CO_2 排量在 2030 年时达到极值，换句话说是在 2030 年时我国 CO_2 排放量将为一个固定值，然后逐步减少，继续落实到 2060 年实现碳中和的战略发展目标，即通过绿化造林、环保减排来减小甚至抵消 CO_2 排放，力争早日实现 CO_2 "零排放"。这一战略目标对于推进全球碳达峰、碳中和进程，以中国低碳经济发展逻辑引领全球经济绿色复苏具有重大意义。

3. 中国环境治理与绿色发展历程

经过长期探索和实践，我国对环境治理的认识和了解逐渐从技术层面上升到制度层面、伦理层面和世界观层面，最终形成了具有善治特征的"生态文明"目标。为了更好地实现环境治理和社会绿色发展，在确保政府领导地位前提下，中国还强调市场和公众共同的参与度，以及治理的透明度。以下为我国环境治理和绿色发展的历程：

（1）建立环境保护基本国策（1972—1991 年）：1972 年 6 月 5 日，中国代表团参加了在瑞典首都斯德哥尔摩举行的联合国第一次人类环境会议，自此中国政府开始关注环境问题并且拉开了环保工作序幕，将环境保护融入社会经济发展中。1979 年 9 月，我国出台第一部环境管理基本制度——《中华人民共和国环境保护法（试行）》。1982 年，国家开设了环境保护相关机构，正式开始国家环保工作。同年，国家出台了《征收排污费暂行办法》，从此之后便有了排污收费制度。1983 年 12 月，政府明确提出"环境保护是一项基本国策"。1988 年，政府设立国家环境保护局，环境管理作为独立部门开始运行。1989 年 4 月底，在第三次全国环境保护会议上系统地确定了环境保护三大政策和八项管理制度。

（2）在可持续发展战略中加强水污染控制（1992—2000 年）：20 世纪 90 年代，在巴西里约热内卢举行了联合国环境与发展会议，提出了可持续发展战略。1994 年 3 月，国务院通过了《中国 21 世纪议程》，根据国情将可持续发展战略提升为国家战略，确保了国家基本环境保护政策的稳定。1994 年 6 月，淮河被污染，随之几个省也陷入河流污染危机，中国为此颁布了第一部关于河流和湖泊污染防治法规。20 世纪 90 年代，国家环境保护总局从副部级升格为正部级单位，意味着各级政府对污染防治的重视程度越来越高。

（3）推进创建环境友好型社会战略（2001—2012年）：2005年3月12日，胡锦涛同志出席了在北京人民大会堂举行的中央人口资源环境工作座谈会，提出"缓解人口资源压力，大力建设环境友好型战略"。2006年4月，第六次全国环境保护大会在北京召开，提出"三个转变"：一是从重经济增长轻环境保护转变为保护环境与经济发展增长并重，在保护环境中求发展；二是从环境保护滞后于经济发展转变为环境保护与经济发展同步推进，做到不欠新账，多还旧账，改变先污染后治理、边治理边破坏的状况；三是从主要用行政办法保护环境到转变为综合运用法律、经济、技术和必要的行政办法解决环境问题自觉遵循经济规律和自然规律，提高环境保护工作水平。2010年，中国以发展中国家身份，积极履行《联合国气候变化框架公约》的重要承诺并担负相应责任。中国政府制定了独特的战略方针，并明确了中国参与全球气候治理的具体政策。2011年12月，第七次全国环境保护大会在北京召开，李克强同志在会上指出："环境是重要的发展资源，良好环境本身就是稀缺资源。"①

（4）生态文明战略（2013年至今）：2013年，习近平同志在党的十八届三中全会上指出生态文明建设至关重要。2015年5月，中共中央、国务院印发《关于加快我国生态文明建设的意见》，总结我国经济增长与资源环境协调研究的理论成果和实践经验，提出了经济增长与资源环境协调的指导思想、基本原则、目标和思路，以及中国资源环境制度建设的主要任务和保障措施。2018年3月，十三届全国第一次会议表决通过《中华人民共和国宪法修正案》，首次将生态文明和"美丽中国"写入宪法。2018年5月，在北京召开的第八次全国生态环境保护大会上，习近平总书记强调要加大力度推进生态文明建设、解决生态环境问题，坚决打好污染防治攻坚战，推动中国生态文明建设迈上新台阶。2019年4月，中央财经委员会第四次会议召开并强调要坚持推进治污工作。2019年10月，习近平同志出席中共十九届四中全会，发表重要讲话提出坚持和完善生态文明制度体系。2020年1月，全国生态环境保护工作会议安排部署了2020年生态环境保护与治理的重点工作：深入贯彻落实新发展理念，加强生态系统保护和修复，着力构建生态环境治理体系。2020年5月22日，第十三届全国人大三次会议在北京召开，李克强同志所作政府工作报告指出：尽管当前全球疫情形势严峻复杂，中国仍要继续推进经济、政治、文化、社会和生态建设。2021年1月，全国生态

---

① 第七次全国环境保护大会召开 [J]. 环境经济，2012（1）：10-10.

环境保护工作会议指出,"十三五"时期,我国生态环境保护取得历史性成就,会议确定编制 2030 年前碳排放达到峰值行动方案。2021 年 10 月,习近平同志以视频方式出席了在昆明举行的《生物多样性公约》第十五次缔约方大会领导人峰会,在其主旨讲话中提出:要以生态文明建设为引导,协调人与自然关系,我们要解决好工业文明带来的矛盾,把人类活动限制在生态环境能够承受的限度内,对山水林田湖草沙进行一体化保护和系统治理。

4. 中国生态环境治理体系

中国在全球环境治理所履行的大国责任和所作出的表率一直为全球所赞扬,中国持续推进生态建设的实践行动成为全球借鉴的样本。中国大力发展经济同时,在环境保护和治理、生态文明建设以及生物多样性保护等方面取得了非凡成就。基于此,联合国环境规划署与中国不断推进多方面的务实合作:污染防治;气候变化政策、减碳、适应气候变化;循环经济、绿色经济、绿色金融、绿色贸易;保护生物多样性、生态修复、野生动植物和国家公园保护;可持续消费、环境法制、海洋治理、可持续基础设施、绿色冬奥,以及限塑减塑禁塑等。联合国环境规划署、中国政府联合《生物多样性公约》秘书处共同筹备了《生物多样性公约》国际会议以彰显中国参与国际环境治理的积极立场。中国在生态环境治理方面正踏实走自己的路,努力做出属于自己的成绩。

1)中国生态环境治理、绿色发展方面成就非凡

近 40 年来,中国经济飞速发展,经济持续高速发展的背后是资源消耗、生态环境污染和森林赤字,生态环境问题引起了全球各方关注。中国相继提出并实施一系列生态文明发展理念和政策,如大气、土壤、水污染防治行动计划,对污染防治的重视程度前所未有,环境质量日益提高,生态文明建设取得了举世瞩目的成就。

一是"中国致力于缩小全球贫富差距"。2019 年 12 月,突如其来的新型冠状病毒肺炎疫情严重冲击了世界范围内的贫穷群体。世界银行 2020 年 9 月的报告预测,受疫情影响,全世界有 7000 万到 1 亿人口陷入极度贫穷,使绝对贫困人口增至 4.9 亿人。中国是全世界人口数量最多的最大发展中国家,中国脱贫进程关系着全球减贫事业成功与否。中国持续多年开展脱贫攻坚战,成绩斐然。2021 年 2 月,全国反贫困工作会议隆重宣布,中国完成了新时期的反贫困工作。按照目前标准,贫困农村地区是完全脱离了贫困,贫困乡县也脱下了贫困帽子。在减贫速度上,中国明显快于全球;在减贫数量上,中国是世界上减贫人口最多

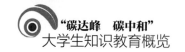

的国家。摆脱贫困，是全球治理的重点和难题，贫困压力的解除为生态环境保护和治理打下了厚实基础。

二是中国大规模、大范围的污染治理，即工业"三废"治理，大气污染物中单一污染物控制；重点流域、重点城市以及重点区域颁布相关条令；中国政府制定污染排放量的"刚性约束指标"以及具体的环境治理行动。中国在提升空气质量、管控水污染、处理垃圾堆积方面取得了世界瞩目的成就。

三是2020年9月，中国政府宣布结合中国国情的"碳达峰"和"碳中和"的目标，从中央到各部委、地方政府、科研院所、企业以及高校等社会团体，都围绕这一宏观目标制定了具体发展方向，并积极推进相关工作。中央将"碳达峰"和"碳中和"纳入生态文明建设整体布局，减少碳排放的五年方案提案和促进防治污染与 CO_2 排放之间协同增效的战略有助于改变世界经济和社会发展，改善环境问题，提升环境质量，在减少污染和碳排放的有效协同要素下建立共识，推动世界经济社会发展转型。

2）实现"双碳目标"需要艰苦努力

中国虽是结合自身国情以及所处的发展阶段提出"双碳目标"，但现今距离碳达峰与碳中和目标的时间间隔较短，时间紧且任务较重，实现"双碳目标"必须付出艰苦努力。在"双碳"实现过程中需注意的三大问题如下：

一是中国政府制定的"双碳目标"政策、体制、机制顶层设计是正确的，但是在政策实施过程中要注意地方政府、研究机构、企业和社会团体是否能够做到协调一致，在政策推进落实过程中监管要到位。

二是纵观中国各省产业发展趋势，一些地区还普遍存在产业低端、技术落后等问题。"碳达峰"和"碳中和"双重目标意味着中国社会需要高质量的经济和产业发展。通过增加公共财政投入，将去产能企业的工作转移到植树造林、生态修复等新岗位上。

三是在节能减排进程中，各地区资源结构、重点产业、发展阶段都呈现出差异化特征，应避免出现"一刀切"。同样，也要重视不同地域的地区性差异，高效利用地方特色产业发展，推进节能减排进程。

（三）我国参与气候行动的自主贡献新举措要求

1. 中国国家自主贡献新举措实施背景

气候变化对全球生态系统安全以及世界上所有国家的发展带来巨大威胁。虽为人类共同的挑战，但对于发达国家和发展中国家来说应对挑战和威胁的能力是截然不同的，发达国家较发展中国家更早重视、着手处理气候变化带来的环境问题。中国面临着经济发展、民生问题、环境污染防治等多种棘手问题。其中，气候变化对中国各方面发展的影响不容小觑。同时，中国在面对气候问题时也表现出高度重视、负责任的态度。国家主席习近平同志在全球层面主动强调："面对全球气候变化以及全球环境治理问题不是别人要求我们去做、怎么做，而是我们自己去做。"这推动了中国进行绿色可持续发展，也有助于中国构建人类命运共同体重要目标的达成。中国应对气候变化问题并不只是停留在承诺层面上，而是政府层面结合中国发展阶段实际，将应对气候变化政策融入国民经济和社会生产发展规划中，把它作为推进经济高质量发展和生态文明建设的重要抓手，坚持顶层设计，减缓气候问题和适应气候变化并重，各级科研机构、企业、社会团体等组织通过法律、行政、科学技术以及市场等多种渠道，全力使人们重视气候变化，并积极采取措施进行应对。同时，中国参加联合国气候大会，签署《巴黎协定》，推动协议缔结、生效及实施，积极参与应对气候变化的国际合作，为全球气候变化行动做出自己的贡献，以此引领全世界重视全球气候变化问题。

2. 国家自主贡献新举措概念

国家自主贡献（intended nationally determined contributions，INDC）是参与《巴黎协定》的目标缔约方，根据各国发展水平、特点和实际情况，采取科学合理、可行的方法应对气候变化行动。根据《联合国气候变化框架公约》和《巴黎协定》相关规定，缔结盟约者需每隔 5 年提交一次本国国家自主贡献。2015 年，中国明确了我国自主贡献目标：到 2030 年左右 CO_2 排放量达到峰值并争取尽早达峰，相较于 2005 年单位国内生产总值 CO_2 排放需下降 60%~65%，非化石能源占一次能源消费比重达到 20% 左右，森林蓄积量比 2005 年增加 45 亿立方米左右。2020 年 12 月 12 日，国家主席习近平在气候雄心峰会上通过视频方式发表题为《继往开来，开启全球应对气候变化新征程》的重要讲话，发布了关于中国自主贡献的全新标准：到 2030 年，中国单位国内生产总值 CO_2 排放较 2005 年下降 65% 以上，非化石能源占一次能源消费比重将达到 25% 左右，森林蓄积量比 2005 年增加 60 亿立方米，风电、太阳能发电总装机容量将达到 12 亿千瓦以上。

3. 解读中国国家自主贡献目标

中国国家自主贡献目标展现我国政府积极保护环境，改善气候条件的信心与

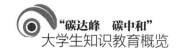
决心。同时，也做好了应对恶劣气候的准备，表明了治理全球环境义不容辞的态度，体现了中国的大国责任形象，依据中国提出的国家自主贡献（INDC）目标，预计会有以下成果：

第一，中国有望通过绿色发展战略，进行发展路径的渐进式创新，开辟较欧洲、美洲等发达国家传统发展路径而言，在更低碳排放量、更低收入水平的水准上，完成峰值水平更低的全新发展路径。

第二，如果中国能够在2030年之前完成所提出的国家自主贡献任务，将有更大机会和更坚实基础进一步过渡到2℃温升目标，并达到2030年后的温度要求。中国国家自主贡献目标核心内容是在技术、金融、政策、机制和能力建设、创新引领发展方面的大量切实可行的安排。中国有望在发展思路、社会基础、政策和制度储备等方面实现更有效的积累，技术体系储备、创新能力、资金流向、整合能力和专项能力储备，这些储备将为2030年后加快转型奠定坚实基础。

第三，我国自主贡献目标将逐步引导中国经济发展与碳排放脱离关系，逐渐减小甚至实现零碳排放，为我国进一步实现"双碳"目标提供了更有利的条件。

第四，与现有的2020年碳减排承诺相较，2020年后中国将全面加快减排的步伐，同时，为尽早达成"碳达峰"，将进一步加大减排力度。

第五，在现有条件下，中国将极力发展新能源产业，以降低我国 CO_2 排放，确保到2030年 CO_2 排放量达到最大值。

第六，中国自主贡献给其他发展中国家提供示范和借鉴，通过南南合作传播经验、提供支持，树立良好典范，引领其他发展中国家跟进。中国也可以通过自身转型推动全球变化，促进全球经济转型进程，帮助改变全球发展路径。

4. 落实国家自主贡献已作出的举措

中国为实现2015年宣布的国家自主贡献一系列新举措，实施了从政策、制度到资金投放等具体措施，取得了较为理想的成绩和显著进展。例如，据第九次全国森林资源清查报告《中国森林资源报告（2014—2018年）》显示，全国森林覆盖率为22.96%，比第八次森林资源清查的森林覆盖率提高了1.33个百分点，净增长数据为1266.14万公顷。此外，森林面积和森林蓄积量在近30年内呈不断增长态势，成为全世界新增绿化面积贡献最多、森林蓄积量增长最快的国家。其次，截至2020年6月，南水北调以及中线一期工程向北方累计输送水量达300多亿立方米，提高了中国北方地区适应环境改变、灵活应对恶劣天气的能力。不仅如此，中国加强产业结构调整、能源结构优化并利用市场机制来实现节能提效、增加碳汇等目标，以下为落实国家自主贡献已作出的举措。

1）应对气候变化制度体系不断完善

（1）应对气候变化相关工作活动融入社会发展规划。2015年，中国政府明确提出2030年完成碳达峰目标以积极应对气候变化。根据2016年《中华人民共和国国民经济和社会发展"十三五"规划》，将单位国内生产总值能耗下降15%和单位国内生产总值CO_2排放下降18%作为强制性达成的指标任务。行业专项措施正在采取以监测气候变化的方式来迎接所带来的挑战。2021年，我国《国民经济和社会发展"十四五"规划》草案对实时调控任务进行了调整，将上述两个指标中的单位国内生产总值能耗降低15%调整为降低13.5%，表现出中国对气候变化绝对不是口头承诺，而是积极落实到行动上。

（2）碳排放控制目标分解落实机制建立。在"十三五"大规划基础上，根据中国各省份生态现状、资源禀赋、发展实情、战略定位以及产业结构等影响因素，确定省级碳排放强度下降目标，并将其作为"十三五"规划中有关气候变化的控制温室气体排放的目标责任考核依据，各省政府会对下一级行政区域制定相应的目标考核。表1-1为"十三五"省级政府碳排放强度下降目标。

表1-1 "十三五"省级碳排放控制目标

省（自治区、直辖市）分类	碳排放强度下降目标
北京、河北、天津、上海、江苏、浙江、山东、广东	20.50%
福建、江西、河南、湖北、重庆、四川	19.50%
山西、辽宁、吉林、安徽、湖南、贵州、云南、陕西	18%
内蒙古、黑龙江、广西、甘肃、宁夏	17%
海南、西藏、青海、新疆	12%

（3）碳排放权交易建设取得进展。自2011年开始，北京、天津、上海、湖北、广东、重庆和深圳七个省份积极响应国家政策，相继开展了碳排放权交易的试点工作，覆盖行业范围集中在电力、热力、钢铁、建材等高排放行业，并且积极向譬如造纸、食品饮料等区域特色产业拓展探索，分配方式基本为"免费+有偿"。基于试点经验，国家积极、稳步、有序地向着绿色发展的目标前进。2021年7月，全国碳排放权交易市场结束试点工作，开始正式运营，市场开放后仅电力行业就陆续纳入2162家企业，总计覆盖45亿吨左右CO_2排放量。就目前来说，不管是从企业数量还是CO_2排放量方面统计，中国拥有着全球规模最大的碳交易市场。

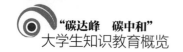

2）温室气体控制排放工作进展显著

（1）低碳能源体系建设初见成效。2016 年，我国《能源生产和消费革命战略（2016—2030 年）》宣布要积极构建低碳高效的能源体系结构，标志着"低碳"成为经济社会发展新理念、新方式、新目标。在目标推进工作中取得喜人成绩：2019 年，中国非化石能源消费占比为 15.3%，相比 2005 年提升幅度达 7.9 个百分点；煤炭能源消费占比为 57.7%，相比 2005 年下降幅度高达 14.7%，表明我国电力等行业对煤炭的依赖度正逐步下降，能源结构也在逐步优化。2016—2019 年，淘汰火、电产能 3000 万千瓦以上，表明在能源结构优化工作基础上国家正逐步淘汰煤炭、煤电等落后产能。在能耗效能方面有数据表示，2016—2019 年，中国能耗强度累计下降 13.1%，且以年均 2.9% 的能源消费增长支撑着 6.6% 的经济增长，表明我国能源消耗方面的节能较为显著且能源利用率也取得了可喜的进步。

（2）城乡建设和交通领域控制温室气体排放的工作不断推进。2015 年以来，国土规划部门将 58 个试点城市列入"生态修复城市修补"项目中，项目目标为提高城市生态发展的可持续性以及环境宜居性。2019 年，全国建成区绿化覆盖率高达 41.51%、城市人均绿地面积为 14.36 平方米，表明城市生态以及居民居住环境得到不断改善。

运输行业作为支撑社会经济活动的重要行业，其碳排放量占排放总量的 1/4 左右[①]。在交通运输领域，国家出台的《绿色交通标准体系（2016 年）》从节能减碳、污染防治等方面不断完善绿色交通制度和标准，大力推广城市低碳交通以建设低碳化城市交通系统。截至 2019 年年底，全国新能源公交车运营数量超 40 万辆，新能源汽车达 381 万辆，在深圳和太原两个城市出租车已全部换为电力驱动车辆。通过增加铁路和水路运输量来减少公路运输是对运输行业结构优化重要举措，国家大力倡导大宗货物运输通过"公转铁""公转水"方式来完善货物综合运输网络。

3）主动适应气候变化

（1）开展重点区域适应气候变化行动。2016 年，中国政府制定了城市适应气候变化行动方案。2017 年选择了 28 个城市进行试点工作，试点城市成立专门工作小组，在政府号召下提出了符合城市发展的行动方针。在城市基础设施、能

---

① Evanthia A Nanaki，Christopher J Koroneos. Climate change mitigation and deployment of electric vehicles in urban areas[J]. Renewable Energy，2016（99）：1153–1160.

源领域、自然生态环境、公众健康等重点领域编制了具体的行动方案。同时，中国对于沿海海岸带侵蚀地区、青藏高原生态脆弱区以及其他重点生态地区针对其生态功能定位、生态特性等采取了生态环境的调整、治理、优化措施。

（2）推进重点领域适应气候变化行动。在农业领域，大力推进气象灾害防御技术研究、气候资源利用和农作物防灾减灾增产新技术等工作。在林业和草原领域，2016年颁布了《林业适应气候变化行动方案（2016—2020年）》，方案要求加强监测预警、风险管理等工作来全面提升林业适应气候变化的能力；2019年，我国草原的植被覆盖率达到56%，天然草原草料产量达10亿余吨，草原防止水土流失、物种减少以及防治沙尘暴等生态功能得到了恢复和加强；在水资源领域，完善防洪抗旱减灾体系，加快主干江河工程建设，开展城市节水工作，推进水生态保护和农村水电绿色发展。截至2015年，全国累计完成"海绵城市"建设项目约3.3万个。

5. 落实国家自主贡献新目标的新举措

为落实国家自主贡献新目标，中国积极响应全球气候变化行动号召，将应对全球气候变化行动融入经济社会发展规划中，逐步构建、完善碳减排、绿色发展的政策体系。同时，坚持保护物种的多样性，构建生态文明体系，保护环境改善气候，提高生态系统质量和稳定性，从根本上推进生态文明建设、生态环境保护，实现经济高质量发展，为环境治理和应对全球气候变化做出重大贡献。

1）统筹有序推进"碳达峰、碳中和"

加速经济社会发展全面绿色转型。坚定不移贯彻"十三五"提出的创新、协调、绿色、开放、共享五大新发展理念，将"碳达峰、碳中和"目标融入社会发展各个领域，持续推进扩展清洁生产生活方式应用范围，降低以高碳为主的化石能源依赖度，鼓励非化石能源生产。调整、优化产业结构，提高低碳化生活水平。

积极开展各地区碳达峰行动，力争到2030年实现碳达峰目标。国务院印发的《2030年前碳达峰行动计划》对"碳排放、碳达峰"提出了更详细、更具体、更实际的目标、原则和指引。有关部门根据"碳达峰行动"制定了相关的计划，通过能源绿色低碳转型、节能增效、工业 CO_2 峰值排放、城乡建筑碳减排行动、绿色低碳交通、循环经济推进碳减排、生态低碳科技创新、碳储存能力整合与提升、全民绿色低碳生活等措施为各地区"碳达峰"与"碳中和"等规划做出指引，以保证其能进行梯次有序的"碳达峰行动"。

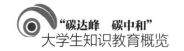

围绕能源配置更加合理发展要求，改变能源生产和消费的方式。面对能源供需形式和国际能源发展格局的不断变化，中国也面临 CO_2 排放量大、新能源问题多、现有能源对环境和气候危害大、新能源产业不够发达等棘手问题。对此，习近平总书记提出五点要求：推动能源产业和消费革命，限制能源不合理需求，构建多元化供应链，推进工业文明现代化为绿色能源高速发展铺路，全方位加强国际合作。

以节能降碳为导向，清洁生产为目标，积极推动工业领域绿色低碳转型。工业发展离不开能源的消耗以及 CO_2 的排放，要达到"双碳"目标战略要求，必须做到工业领域的绿色生产。重点推动遏止高能耗、高污染产业发展，构建清洁、节能高效的工业用能结构工作，推广开展技术低碳转型，落实各行各业完成"碳达峰"目标。

城乡规划建设高质量生态宜居环境，全面提升城乡建设绿色低碳水平。"十三五"提出的创新、协调、绿色、开放、共享五大新发展理念深入人心，城乡建设是绿色发展、生态环境改善的重要载体。城乡建设目标与实现"碳中和"目标之间存在很强的关联性，城乡建设的碳排放值得引起人们重视，随着城乡规划建设和城镇化进程推进，碳排放量会继续上升。中共中央、国务院印发的《关于完整准确全面贯彻新发展理念做好碳达峰碳中和工作的意见》中聚焦城乡建设问题，方法、路径、目标以及任务均已明确，今后重点是落实"双碳目标"中的各项任务。

建设综合交通网络，加快建设绿色低碳交通体系，交通行业积极响应国家气候变化行动。我国从 2011 年就低碳交通运输建设开展试点工作，并组织实施了一大批节能减排项目。2021 年 10 月，国家主席习近平同志出席第二届联合国全球可持续交通大会开幕式并发表讲话，提出要加快建设绿色交通设施，推广新能源、智能化、数字化、轻量化交通装备来加快形成绿色交通发展体系。

2）主动适应气候变化

加强目标融合，组织编制《国家适应气候变化战略 2035》。2015 年，我国主动提出国家自主贡献行动政策和举措，积极编制《国家适应气候变化战略 2035》以应对气候变化所带来的灾害，将环境保护与科学研究、基础设施建设相结合，形成适应气候变化新发展方式。提高水资源、陆地以及海洋等自然生态系统对气候变化的适应程度。气候变化对我国自然生态系统和经济社会发展的威胁和挑战，特别对我国农业和畜牧业、林业、水资源等自然生态系统、海岸和生态敏感地区造成的影响，应该引起人们重视。因此，适应和遏制气候变化至关重要。

3）强化支撑保障体系

各级政府应整理现行法律法规以及政策制度与"碳达峰、碳中和"目标不适应的内容，增强法律之间衔接性，加快研究碳达峰、碳中和相关法律进度，抓紧修订化石能源消费和生产法，以及可再生能源法律法规，增强相关法律法规的针对性和有效性。建立和健全绿色低碳背景下的税收政策体系，落实和完善资源节约优惠政策、绿色电价政策。有序、稳步推进绿色低碳金融产品和服务项目开发，鼓励设立绿色低碳产业投资基金，严格控制高污染、高能耗、高排放行业（"三高"行业）的资金支持，推进碳排放统计核算体系建设，加快建立统一规范的碳排放核算体系。加强能力建设和工作机制保障，全面加强应对气候变化的管理能力。

4）拓展国际合作

世界各国均密切关注环境问题，如何适应气候改变所带来的影响与世界各国人民的衣食住行、社会发展密不可分。我国对气候变化所带来的改变一直高度关注，积极参与全球社会各界的相关活动。摩洛哥合作与发展协会主席纳赛尔·布希巴表示："中国不仅在自己的绿色发展实践中取得了良好的成果，而且还积极与其他国家分享经验和合作。"这生动体现出我国对构建人类命运共同体的重大决心。中国是生态文明建设的典范，实现国家自主贡献新目标，通过加强应对气候变化高级外交，深化应对气候变化，给其他发展中国家起到了模范带头作用。与此同时，基于南南合作推动与国际机构的交流合作，进一步扩大国际合作。

（四）大学生为什么要了解"碳达峰、碳中和"知识

以习近平同志为核心的党中央站在中华民族可持续发展高度提出了构建人与自然生命共同体的重大战略决策，彰显了中国高度重视气候变化，在全球环境治理中发挥着表率作用。实现"碳达峰、碳中和"目标是对全球经济社会发展的全面、深刻变革，而这种革新在我国生态文明建设中是必不可少的，这项任务要求极高，同时，也为中国经济社会的绿色转型和发展提供了机会。

1. 高校普及"碳达峰、碳中和"知识以使大学生了解中国国家自主贡献的重要影响

1）开展"碳达峰、碳中和"科普活动

自 2015 年中国自愿且主动向联合国提交了有关中国国家自主贡献的文件

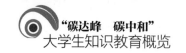

以来，中央到地方各级政府均在行动，对各领域进行了统筹规划。"碳达峰、碳中和"相关的科技自主创新和科学知识普及是我国气候领域发展和创新不可或缺的两个部分，在实现"碳达峰、碳中和"目标方面发挥着重要的支柱作用。

中国科学技术协会在教育部"双碳目标"引领下提出：落实以科普宣传"碳达峰、碳中和"知识作为中心，将其作为服务大众的重要任务来完成，选择以一种较为科学的方式进行学习宣传，让大学生群体对"碳达峰、碳中和"的国家政策、知识、体系以及发展过程进行深度学习，为构建人与自然生命共同体提供坚实的文化素质基础，以此提升学生群体科普获得感、满意度。

中国科学技术协会联合学术各届举办了如何推广"碳达峰、碳中和"知识宣讲会并以科学为基础，用需求来指引方向，强调内容准确性。同时，紧跟时代整理和宣传"碳达峰、碳中和"概念、政策以及相关新闻，以编写和宣发高品质科学普及书籍来推广"碳达峰、碳中和"的相关知识。全面宣讲全民科学素质行动计划纲要，不仅促进了科学普及与科学技术协会业务的紧密结合，还动员相应的职能部门结合创业工作开展科学普及。

2）"碳达峰、碳中和"科普系列活动

以习近平同志为核心的党中央做出了要在 2030 年前 CO_2 排放量达到最大值并在 2060 年前实现 CO_2 的排放量为零的两项决策，形成凝聚全社会力量共同实现碳达峰目标的强大合力，很多省、市科学技术协会组织联合起来共同商议确定"碳达峰、碳中和"科普宣传的政策文件。在政策文件大方向的引领下，部分高校自主联合相关学会成立学会联合体，商议并开展具体活动工作。

北京市、天津市、浙江省、重庆市等地已组织开展"双碳"知识科普工作。以重庆市为例，2021 年 4 月 24 日，由重庆市科学技术协会带头发起并与宣传部门、发展改革和委员会、自然规划管理局和重庆交通大学等相关单位共同举办了重庆市生态文明建设学会联合体，在重庆交通大学成功举行学会成立仪式。会上重庆交通大学党委书记李天然出席并致辞，强调此次研究学会的目的是多方合作，共同推进"碳达峰、碳中和"科学普及，深入贯彻践行绿色发展思想，用学术力量加速经济社会发展全面绿色转型并建立完善"双碳领域"学术和人才资源共享机制，加快开展和推进"碳达峰、碳中和"相关科技项目进展，为我国全面发展和经济高质量发展贡献出更多智慧和力量。

重庆市此次学会联合为中国其他省份提供了一个较为成功的学习案例，归纳总结可汲取的绿色发展经验，主要体现在以下几方面。

（1）组建学会联合体。联合政府、高校、协会等相关组织组建生态文明建设学会联合体，团结相关领域专业人才和高校科技工作者，合力促进生态文明建设科研发展、促进以"碳达峰、碳中和"为核心的生态文明建设知识和技术普及推广。

（2）编印科普读物。学会组织相关专家编辑印发有关"碳达峰、碳中和"的科学趣味读物，读物要求内容覆盖"碳达峰、碳中和"的相关知识理念，以及我们要通过何种方式并应该如何达成"碳达峰、碳中和"等类似问题。

（3）组织系列科普活动。将"碳达峰、碳中和"相关知识融入世界气象日、生物多样性日、世界水日等相关节日，自主联合其他组织开展更多科普活动来营造全民参与"碳达峰、碳中和"浓厚氛围。

（4）开拓科普渠道。不仅仅局限于读物、高校宣讲、活动日等进行"碳达峰、碳中和"知识科普，也应开拓像修建科普馆、公共区域播放公益广告、开展"碳达峰、碳中和"知识竞赛等渠道。

（5）举办学术活动。在高校鼓励教师积极开展"碳达峰、碳中和"相关学术研究，围绕"碳达峰、碳中和"策划开展形式多样的具有教育意义的研究和交流活动，搭建意见交流、成果转化、科普宣传以及咨询相关问题的平台。

（6）建立志愿者服务团体。积极发挥高校、社会和科研院所等相关科技人才的技术和能力，加强志愿者科技队伍建设，将"碳达峰、碳中和"纳入"科技"志愿者活动，提高中国志愿者知识储备水平以及生态文明素质水平。

3）"碳达峰、碳中和"知识科普重要性

煤电、化石、钢铁、建材等高消耗、高污染行业产能仍在扩张，绿色可持续行业发展速度缓慢，唯有科技创新才可以推动能源技术革命，从而使我国产业向绿色环保方向前进。同时，大力推进新能源应用进程，刺激能源技术革命，不管是采用学会联合还是其他方法，旨在整合中国在应对气候变化、生态环境和生态文明治理领域的学会和人才资源，团结带领广大科技工作者，用前沿科技成果来实现当前科技革命、能源革命、产业结构优化的大目标，大力支持中国绿色、低碳循环经济发展。依靠"碳达峰、碳中和"科学普及，推广宣传全社会乃至全世界参与"碳达峰、碳中和"，并使之成为广泛共识，为加速经济高质量发展，实现人民安居乐业而奋斗。

高校积极与政府、企业以及其他社会团体开展"碳达峰、碳中和"项目活动，可以使大学生更深入了解和接触"碳达峰、碳中和"项目知识。高校集聚高

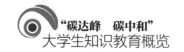
精尖人才，是科技创新重要源泉，加大科技创新关注度，打造企业、政府、高校等相关机构创新联合体，高效利用相关活动基金。紧抓人力资源，开展低碳核心技术攻关，坚持系统谋划，推进高校科技成果转化为现实生产力，为高能耗行业减排和生态文明建设贡献力量。

2. 高校在环境治理和绿色发展中发挥着重要作用，履行职责亟须普及"碳达峰、碳中和"知识

1）高校参与环境治理和绿色发展的政策背景

习近平总书记在党的十八届三中全会提出了有关保护环境、建设生态文明的一系列新思考、新战略。习近平同志在中国共产党第十九次全国代表大会上提出了生态文明是一个非常全面、科学的思想，对世界环境政策和绿色发展具有重要的政治意义、现实意义和文化意义。高校在学科发展、学生培养、科学研究等许多方面有着与其他相关部门极为不同的特点。同时，这也是学校独一无二的优势，以生态文明建设思想为基准，可以实现高校在生态文明建设中的独树一帜的效应。高校需要深入学习包括环境治理、生态文明、绿色发展在内的重要理念，充分发挥高校智库、创新源泉和人才泵的独特优势，大力引领和支持我国全面建设小康社会。

科技是第一生产力，大学是科技的第一生产力，是人才的第一发源地，是国家创新的第一推动力。同时，大学也担负着人才培养、科学技术研究、文化传播和技术创新等主要任务。生态文明建设需要全世界、全人类的共同努力，高校是必不可少的一份力量，有着天然参与条件和独特优势，要加大我国对重点院校或普通院校重点学科的扶持力度。教育是国家发展最为重要的"根"，教育强国是实现中华民族伟大复兴的基本条件，高校促进着国家重大政策的实施与推进。

2）充分发挥高校在生态文明建设中的特有优势

（1）环境治理深度参与者。环境治理是全人类的共同任务，继续推进环境治理，坚决控制和预防污染。作为开放范式的中心，大学本身具有调查和解决全球环境问题的内在优势，有责任参与环境保护、协调和恢复等工作，加强重大科技研究力度。解决重要的环境问题，如空气、水和土壤污染，同时，对环境管理体系和方法进行改进、创新和完善，并以此来应对全球气候变化挑战，实施国家气候变化战略，制定中国行动纲领，推动全球环境改善和可持续发展进程，不断加强我国在全球环境治理体系中的作用。

（2）绿色发展教育提供者。高校最主要的目的是"授人以渔"，科教兴国战略和人才强国战略要求高校培养有自我学习能力、素质高的高端人才。随着全球环境问题对人们日常生活影响越来越大，环境教育越来越受到素质教育者的重视。国家环保状况因此成为展示综合国力以及衡量居民满意度的重要标准。关心自己和他人，关注地球母亲所发生的问题，一些高校已经在课程和教材中贯彻绿色生态理念，科普宣传绿色生态相关理念，整合教学资源，组织更多的学生课外活动，如绿色发展讲座等。加快环境教育融入普通教育，开展绿色发展等跨学科培训、环境政策职业培训及相关思想政治教育；大力推进有关生态文明宣传教育交流平台和多层次人才培养体系，向高校学生科普宣传国家生态文明建设，建设社会主义现代化强国的同时以习近平新时代中国特色社会主义的思想为目标，大力向社会输出素质高、能力强、有着独立学习和创新能力的新时代"绿色"青年。

（3）绿色科技推行者。绿色科技是新科技革命的标志，科技创新呈现跨学科融合的发展趋势，并不断向生态、智能、服务的方向发展。中国科技优势正一步一步地走在世界大多数国家的前列。高校要在高新技术层面上的环境保护、能源等资源综合经济利用、产业转型和绿色技术等提供重要支持，充分将基础研究"摸透"，推进基础研究与应用研究的创新融合，实施战略性综合多学科研究，利用核心共享技术共同应对未来挑战。与此同时，高等教育应该强调现代工程技术和创新，利用优势以解决关键问题，对接人类敏锐感受的技术环境，大力推进绿色科技创新体系的建立，争取在各个不同方向做出全新突破，与之并行，使我国成为引领世界环保技术研究的国家。

（4）绿色文化引领者。有文化才有文明，要成功地建设生态文明首先要使绿色文化思想深入人心，这也是环境保护最重要的部分。重点完善生态文化体系、生态法制体系、生态治理体系和环境监管机制，对生态文明公共政策的研究刻不容缓，为国家决策提供依据，科学普及生态文明不可或缺以促进人与自然和谐共处，积极建设生态优美家园。在社会以及日常生活中大力宣传节约环保、低碳生活的重要思想，增强人们的环保和可持续发展意识，认同环保和可持续发展意识的观念，增强公众环境保护意识。

3）高校亟须普及"碳达峰、碳中和"知识

①近期目标：完成时限为3~5年，在国内所有高校建设并完善有关"碳中和"相关的科技创新交流平台，组建一个水平较高的学术团队。高校内部开展碳达峰、碳中和课程、专业以及学科建设，推动"碳达峰、碳中和"领域人才

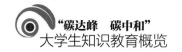

培养并关注人才质量问题，实现该领域基础技术攻关。②中期目标：完成时限为 5~10 年，持续推进和深入相关工作，部分较高水平高校率先完成"碳中和"相关学科专业建设，在"碳中和"基础之上继续深入研究使得核心技术达到世界领先水平。③远期目标：顺利完成近期和中期目标并立足实现 2030 年"碳达峰"目标建设一批世界顶尖学科，形成"碳中和"战略核心科技力量，为中国实现 2030 年"碳达峰"和 2060 年"碳中和"目标提供科技支持以及源源不断的高素质人才。

"双碳目标"以及《高等学校碳中和科技创新行动计划》出台以来，国内已有不少高校就普及"碳达峰、碳中和"知识成立专业度更高的科技平台。清华大学为发挥一流大学呼应气候变化行动担当作用成立碳中和研究院；上海交通大学广泛与政府、企业和国际各方开展合作以此积极加快高校"碳中和"技术推进并成立碳中和发展研究院；此外，还有上海科技大学成立 2060 研究院、北京大学能源研究院成立碳中和研究所、郑州大学的碳中和与绿色发展研究院揭牌等。同时，中国部分一流大学积极举行论坛进行"碳达峰、碳中和"知识普及并提出解决发展问题的对策。例如，北京大学以"碳达峰、碳中和战略下的环境问题"为主题开展生态环境发展论坛以共同探讨如何更好建设生态文明绿色社会。中国人民大学为寻求中国经济高质量发展路径举办主题为"双碳目标、绿色金融与经济高质量发展"的论坛；中国科学技术大学举办"碳达峰、碳中和"研讨会，着重讨论"碳达峰、碳中和"战略影响。

二 "碳达峰、碳中和"相关概念和理论基础

（一）"碳达峰、碳中和"相关概念

1. 碳源和碳汇

全球气候变化已威胁到全人类社会生产和生活，温室效应与气候变化有着不可分割的密切关系。工业大革命至今，人类向大气环境中排放的以 CO_2 为代表的吸热性较强的温室气体数量正在逐年递增，温室效应随之增强，由此引发的许多问题已经引起了全球广泛关注。对碳的研究已成为气候学领域学术研究重点，碳源和碳汇是最基础的碳知识。[①]

1）碳源的概念

所谓的碳源（carbon source）就是大气中含碳气体的来源，即 CO_2 产生的源头。具体指人类活动导致大气中含碳气体逐渐增加的过程、活动及机制。在大自然中同样存在着碳源，主要为土壤以及其他生物体等。除此以外，人类社会的生产生活过程中也会排放可以造成温室效应的碳氧化物，并且人类生产活动是主要的碳排放源。

《联合国气候变化框架公约》将"碳源"的概念归纳总结为自然界或人类生产、生活中的碳排放源，是向大气排放包括 CO_2 在内的温室气体的任何过程、活动或机制。

2）碳源的分类

联合国政府间气候变化专门委员会IPCC用了5年时间将碳源进行了详细的门类划分。在发达国家主要从能源及转换工业、工业过程、农业、土地使用的变化和林业、废弃物、溶剂使用及其他共7个方面以碳排放为背景进行研究，由于发达国家的工业发展较早，其对于化石燃料以及由于工业发展所造成的碳排放量估算较为保守。以我国经济社会发展为例，我国碳排放不仅仅来源于工业活动中能源的消耗与化石燃料的燃烧，占比较大的一项则是我国农村传统生物质燃料。所以碳排放总量与发达国家有出入，因此中国必须开展自己的碳源分类

---

① 黄昌勇，徐建明. 土壤学 [M]. 北京：中国农业出版社，2010，30–31.

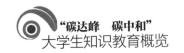

工作。2001 年 10 月，国家计委气候变化对策协调小组办公室启动的"中国准备初始国家信息通报的能力建设"项目中，正式将温室气体的排放源分为能源活动、工业生产工艺过程、农业活动、城市废弃物和土地利用变化与林业五个部分。

中国将温室气体的排放源进行以下五种分类：①能源开采工作，如化石燃料的开采以及能源的加工与转换；②能源的交易消耗，如发电、炼油、炼焦、煤制气、煤炭洗选、型煤加工；③工业能源的生产与消费，如工业生产水泥、石灰、电石、己二酸、钢铁；④能源燃烧，如农业、工业、交通、建筑、商业、民用生物质燃烧；⑤自然能源排放，如森林、土地利用变化等。

3）碳汇概念

碳汇则是消除或清除大气中包括 CO_2 在内的温室气体的任何过程、活动或机制。具体包括海洋碳汇、森林碳汇、草原碳汇、湿地碳汇、农田碳汇等，其中海洋、森林和草原并列为地球的三大碳汇。

4）碳汇分类

2005 年 2 月 16 日，《京都议定书》正式在全球产生效力，该文件旨在限制世界范围内各国温室气体排放量，鼓励各国开展清洁机制研究，即参加协议的缔约方中发达国家以帮扶的形式向发展中国家提供资金和技术等方面的援助，在发展中国家境内则实施温室气体（包括 CO_2、CH_4、N_2O、PFCs、HFCs 和 SF_6 在内的 6 种气体）减排或者是碳增汇等工作，工作过程中所产生的温室气体减排增汇数量归算为发达国家碳减排指标。这种国际合作机制可简单理解为发展中国家向国外出口 CO_2 减排量获得收入的过程，国际上称此项举措为"碳排放权交易制度"（碳汇）。包括中国、印度的发展中国家已以文件形式向国际承诺自愿减排规划与目标。碳汇的主要形式分为森林碳汇、草地碳汇、耕地碳汇、土壤碳汇、海洋碳汇。

（1）森林碳汇（forest carbon sink）主要是森林植被、绿色植物通过光合作用消除 CO_2，降低大气中 CO_2 浓度并将 CO_2 固定在土壤和植被中的过程。在所有的碳汇资源中，森林生态系统的碳汇能力是最强的，并且是世界上最经济的碳汇手段。相关数据表明，随着森林蓄积量的增长可达到每增长 1 立方米多吸收 1.83 吨 CO_2，放出 1.62 吨 O_2。

（2）草地碳汇（grassland carbon sink）与森林碳汇高度相似，但国内对此并没有具体定义。草地无疑是地球上面积最广的陆地生态系统，我国的草地面积约占国土面积的 41%，其碳汇能力仅次于森林生态系统[①]。目前，我国碳汇项目类型比较单一，在我国资源碳减排项目中绝大部分都是造林和再造林项目，且草地碳汇目前仍未进入市场交易。

（3）耕地碳汇（cultivated land carbon sink）仅仅涉及农作物秸秆还田部分。耕地的碳储量比例占我国陆地整个生态系统的 20.6%，毋庸置疑地成为第三大碳汇体系。同时，耕地是相较于其他陆地生态系统更复杂的生态系统，因为耕地生态系统既是碳源也是碳汇，全世界由于农业所产生的 CO_2 含量占全部温室气体的 21%~25%，是温室气体的重要排放源之一[②]。

（4）土壤碳汇（soil carbon sink）是指空气中的温室气体被转化为钙、镁等无机物和以间接的形式（即绿色植物进行光合作用）将温室气体分解之后被固定在土壤中[③]。同时，值得注意的是，土壤不仅是碳汇，还是碳源。整体上测算结果可知："健康"的土壤碳汇能力远远大于本身释放出来的碳。

（5）海洋碳汇（ocean carbon sink）是指在一定的时间内海洋内微生物存储碳的能力。海洋号称世界上最大的碳库，其含量约为大气的 50 倍，陆地生态系统的 20 倍，全世界海洋每年从空气中吸收的 CO_2 高达 20 亿吨几乎占全世界每年释放的 CO_2 含量的 1/3[④]。

2. 碳减排和碳封存

1）碳减排概念

碳减排指的是利用各种工具、采取各种手段开展相关工作来减少以 CO_2 为主的温室气体排放量，降低大气中 CO_2 的浓度。温室效应所引起的全球变暖以及所带来的生态危机、气候危机已经引起世界各国重视，碳减排工作在全球范围内提上日程。

2）碳减排政策背景

发达国家率先进入工业时代，其环境问题也先于发展中国家出现。为了减少因气候变化问题给人类社会所造成的巨大经济损失，20 世纪 90 年代初（1992 年）联合国国际环境与发展会议由我国组织并成功召开，会上不仅通过了我国提出的关于环境与发展的约定条件，还成功签订了《联合国国际气候体系框架协定》（United Nations Framework Convention on Climate Change，UNFCCC）。《公约》

---

① 王莉，陆文超.草地：不容小觑的绿色碳库 [N]. 中国矿业报，2021-08-06（003）.

② 宋长青，叶思菁.提升我国耕地系统碳增汇减排能力 [N]. 中国科学报，2021-11-09（003）.

③ 潘根兴，李恋卿，张旭辉.土壤有机碳库与全球变化研究的若干前沿问题——兼开展中国水稻土有机碳固定研究的建议 [J]. 南京农业大学学报，2002（03）：100-109.

④ Sabine CL, Feely R A, Gruber N, et al. The oceanic sink for anthropogenic CO₂[J]. Science, 2004, 305（5682）：367-371.

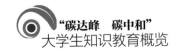

明文规定，参与签订公约的发达国家缔约方应采取措施来限制温室气体排放量，以资金和技术为主要的援助方式向发展中国家提供碳减排帮助。《联合国国际天气体系框架协定》是全球第一条以控制 CO_2 及其他相关的温室废气为主，解决全球气候变暖社会问题的国际公约，成为第一个在全球性气候变化问题上由世界各国通力合作的公约。

20 世纪 90 年代末期（1997 年）在日本京都召开的第三届联合国气候大会，共有 149 个国家和地区的代表参与。此次联合国气候会议上表决通过了为应对气候变化而制定的历史上具有标志性意义的协议书——《京都议定书》，成为世界上第一个具有法律效应的预防 CO_2 等温室气体排放的文书。

2015 年 11 月，在巴黎举办的巴黎气候大会上表决通过了《巴黎协定》，该协定对全球各国 2020 年以后应对气候变化做出统筹规划行动安排。

全球应对气候变化行动从未停止，全球均认同要抓紧推动以 CO_2 为主的温室气体减排工作，全球已有近 40 个国家和地区根据自身情况提出本国或地区"碳中和"时间进度表，各国均从政府、企业、社会组织等方面积极开展相关工作来推进"碳中和"进度。

3）碳封存概念

碳封存（carbon sequestration）是指在碳排放活动中将气体中碳元素进行捕获并选择一种安全的方式进行封存，进而避免 CO_2 等温室气体直接释放到大气中的一种科学技术。碳封存概念以及技术研究于 1977 年提出，最近碳封存技术备受关注，技术发起者为美国。

4）碳封存设想

碳封存技术设想主要包括两个方面：①将人类社会生产生活工作中所产生的以 CO_2 为主的碳排放物进行捕获然后将其收集，并以一种科学安全的方式储存起来；②将大气中 CO_2 等碳化物直接进行分离、收集并安全存储。鉴于此可知，除对工业 CO_2 等温室气体进行有效减排外，还能够运用相关技术封存、净除大气中的 CO_2，以及 CO_2 排放后的补救工作。此外，还能够改善生物燃料生产、生物燃料交易与生物燃料利用的效果，提高清洁燃料以及非碳燃料的制造与使用等技术手段从而将大气中 CO_2 含量大大减少。

5）碳封存类型

包括森林、草地、土壤以及耕地在内的陆地生态系统本身具有对 CO_2 进行自然封存的能力。树林、草坪等生态系统中，绿化植被本身就可以利用光合作用把

大气环境中的 CO_2 转变为氧气，将 CO_2 和富能有机物进行碳封存；耕地生态系统主要是通过微生物分解从而进行碳封存，如秸秆还田；土壤生态系统主要是微生物的直接分解作用以及间接光合作用从而进行碳封存。陆地生态系统在其自然封存过程中不仅可以降低大气中 CO_2 的浓度而且还会产生氧气以及其他的富能有机物，减碳和排氧两方面同时降低大气中 CO_2 浓度。自然封存相比其他碳封存技术节省了捕获、封存的费用，是最经济有效的减碳、固碳方式。毋庸置疑的是，做好对陆地生态系统的维护与优化，对碳封存区的维持与扩大都是有益的，因此，国家必须坚持推进森林保护、恢复、再造等工作。

海洋生态系统中海洋活动以及微生物均具有自然封存的能力。例如，国际社会已经认定的海草床、红树林和盐沼湿地，它们的碳封存能力相较于森林生态系统更强。目前，加速深海自然与生态体系中碳封存的主要技术重点是帮助海洋实现海洋增肥，过程是通过向深海中投入一些诸如铁的微量营养素以及含有氮和磷等常量营养素，促进深海"生物泵"系统以实现对 CO_2 的收集与贮存固定。海洋固碳机制如图 2-1。

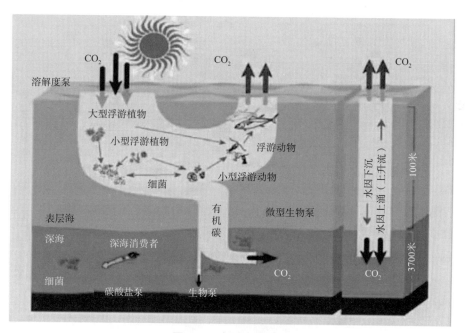

图 2-1 海洋固碳机制

针对如矿厂、化工厂、发电厂等人类生产生活中能源消费定点排放源头，对其进行碳封存的技术十分有效和必要，其重点是对排放气体中的 CO_2 等温室气体

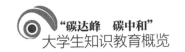

进行捕获和分离。由上述海洋碳封存知识简介可知海洋固碳能力较强，所以对于一些化工厂等排放源的碳封存一般将分解出来的 CO_2 固定在深海中。例如，石油开采工业活动，在开采过程中经常出现 CO_2 伴随着天然气一起从地底喷发现象，出现此情况时，解决方法一般是通过碳封存方法将 CO_2 重新固定在地底，一方面可以降低大气中 CO_2，另外 CO_2 重新封存在地底可以保持石油开采的压力以便后续开采工作顺利进行。部分工业工厂已经进行碳封存技术试点工作，如图 2-2。

图 2-2　矿工碳封存试点工作

此外，对于其他CO_2排放源可以利用生物、化学技术对CO_2进行捕获、分离、回收以及利用。相关数据显示，随着碳封存关注度越来越高，技术研究开展深度、广度不断加大，碳封存技术费用逐步降低，因此，碳封存有望成为以化石能源消费为主国家解决气候问题的最佳选择之一。

3. "碳达峰、碳中和"内涵

1）"碳达峰"和"碳中和"概念

"碳达峰"是指在一个时间点上某个国家、地区以及行业等范围内化工、煤炭、天然气、石油开采和工业生产等非绿色能源消费过程中完成CO_2排放量值达到排放史上最大值，并在这个峰值点以后CO_2的排放量开始稳定减少，即CO_2排放量曲线回落。"碳达峰"是人类生活中CO_2排放史上由增转降的历史拐点，这一点具有重要意义，标志着碳排放与社会经济增长脱离联系。

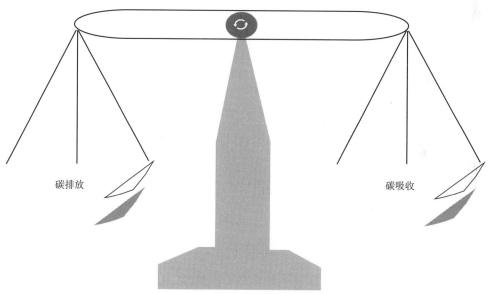

图2-3　"碳中和"中碳排放与碳吸收关系

"碳中和"是指在一个时间段内地区、企业、组织或机构以及个体在日常活动中产出的CO_2，以退耕还林、绿色出行、节能减排等其他减排方式来吸收自身所产生的CO_2总量，实现碳排放等于碳吸收，最终使得自身产生的CO_2与通过自身的节能减排吸收的CO_2总量持平，这样便实现了碳的"零释放"。

2）"碳达峰"与"碳中和"关系

"碳达峰"与"碳中和"关系紧密，有着不可分割的关联。

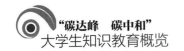
"碳达峰"是"碳中和"的基础和条件，只有在实现"碳达峰"的前提下才能确保"碳中和"工作顺利进行，才有可能将"碳中和"变成现实。实现"碳达峰"所需要的时间以及"碳达峰"目标本身所设置峰值会对"碳中和"目标规划难度以及完成时间产生直接影响。主要影响表现为"碳达峰"时间与"碳中和"目标成反比。随着"碳达峰"的迅速达成，"碳中和"的负担就会逐渐减小，反之亦然；"碳达峰"的极限值越大，完成"碳中和"任务所需要攻克的技术难关以及所需要完成的能源结构优化难度越高，建设绿色发展模式等任务完成速度要加快。

"碳达峰"只是完成我国短期目标的工具或手段，最终方向一定为"碳中和"。"碳达峰"要到达何种水平也必须与"碳中和"目标水平息息相关。节能减排任务强度大小与"碳达峰、碳中和"目标间隔时间息息相关。同时，要想减小实现"碳中和"的难度，必须控制"碳达峰"的峰值水平在较低水平。在这个过程中所发生的减排成本也会越低。2021年，清华大学李政教授出席中国发展高层论坛也提出"碳达峰"和"碳中和"之间联系大致可以理解为是此消彼长的辩证关系。

据世界资源研究所数据显示：目前全球已有54个国家先后完成了根据自身发展实情所设置的"碳达峰"任务目标。基于这部分国家的"碳达峰"经历不难看出，90%以上的国家完成"碳达峰"目标之后会有一段平台期，即CO_2排放量不会立即大幅度降低，而是在峰值水平保持一段时间之后随着全球碳减排热度上升，碳减排和碳封存技术研究和应用广泛推进，这些国家的碳排放水平开始持续下降，向"碳中和"目标迈进。目前，不丹是全球范围内唯一一个已经实现碳"零排放"的国家。

从CO_2的排放历史来看，温室气体在工业革命后激增，这充分地说明了造成温室效应的主要原因是人类活动。率先进入工业革命的发达国家先于发展中国家完成了工业革命任务。就排放量来看，发展中国家较发达国家微乎其微，且发达国家的环境问题出现也早于发展中国家，但不得不承认发达国家的环境治理意识水平也是较高的。由于工业革命的率先完成，90%以上发达国家的"碳达峰"水平在20世纪末至21世纪初便达到了目标值。发展中国家不同于发达国家，我国根据自身经济发展情况以及生态环境特征制定了适合中国国情的"碳达峰、碳中和"目标，并且面向全球许下将在30年内用最短的时间完成"碳达峰、碳中和"目标，是目前承诺"碳中和"目标的国家中最高的碳减排强度，任务十分艰巨。这就意味着中国不能像部分发达国家一样在完成"碳达峰"目标后有一个平台缓冲期，而是要在实现"碳达峰"目标后甚至是要加大强度继续推进碳减排工作。因此，目前时间到实现"碳达峰"目标时间段内属于一个窗口期，必须毫不松懈、积极开展碳减排工作，努力降低"碳达峰"的峰值；其次，在不同地区结合当地经济发展实情、能源结构以及生态特征推进不同强度的工作，争取一些地区、行业率先完成"碳达峰"目标，可以带动其他地区并争取碳减排工作的主动性。

3）中国实现"碳达峰、碳中和"的挑战

结合目前中国发展实情，实现"碳达峰、碳中和"仍然面临着来自各方面的挑战。第一，经济发展水平低，碳减排经济压力大。我国仍是世界上最大的发展中国家，对于一些比如碳封存等高精尖技术，其经济成本较高，在某些行业或者地区的碳减排工作中难免会出现高成本投入，这对于发展中国家也是一个亟须解决的问题。第二，能源结构需优化，能源转型难度大。我国能源结构呈现出"富煤、缺油、少气"的特征，造成我国化石能源消费占比大、对煤炭能源产生高度依赖并难以缓解，中国绿色发展路上面临能源转型困难问题。分析我国工业发展现状可以发现，绝大多数工业企业目前仍会选择非绿色能源的化石能源，因此碳减排后续工作，推进能源结构转型阻碍很大。据相关数据显示，风能、太阳能等绿色能源占我国能源消费的比例为5%，中国能源专家预测，截至2030年，中国绿色能源在我国占比有望达到10%。第三，城市化进程仍在继续，碳减排工作推进有难度。基于国情，我国仍坚持不懈地继续推进城市化，城市化水平与环境污染、CO_2排放存在着一定程度上的正相关性[1]，所以城市化的推进必然会加大大气中的CO_2浓度，对碳减排工作带来一定的难度。

4）中国如何实现"碳达峰、碳中和"

由气候变化引起的极端天气事件绝不是偶然，新型冠状病毒肺炎疫情的暴发也给全人类敲响警钟。海洋生态系统中的冰川逐渐开始融化、海平面上升现象都预示着生态环境正在遭受破坏。非洲等热带地区蝗虫灾害严重进而影响到粮食安全问题等，气候问题、生态治理迫在眉睫。基于以上背景，全球各国基于自身国情积极应对气候变化问题并提出适合自己的"碳达峰、碳中和"目标。

我国为实现2030年前达到"碳达峰"，2060年前完成"碳中和"的宏伟目

---

[1] 赵红，陈雨蒙. 我国城市化进程与减少碳排放的关系研究 [J]. 中国软科学，2013（03）：184–192.

标，中央、地方政府、企业、组织、个人都必须积极响应气候变化行动，从各方面落实减排工作。主要有以下内容：第一，调整能源结构。开拓新能源与新技术，不断挖掘新能源消费潜力，大力推进新能源更新换代节奏，建立一套完善的绿色能源消费机制，建设完善相关法律体系。第二，推动产业结构转型。严格控制高能耗高消费产业新增产能，推动高能耗产业进行绿色新能源转变试点工作，对化工、钢铁、煤炭等非再生能源消费进行产业结构整合优化，将我国化石能源消耗逐渐降低。第三，在能源问题上杜绝浪费。在控制高能耗消费的同时提高能源利用效率以减少能源消耗数量。第四，努力增加碳汇。深入研究碳汇机制，开发更多碳汇项目和产品，逐步提高我国森林覆盖率从而提升森林生态系统的温室气体净化效率，以此来推动我国生态环境的根本性改变。第五，健全低碳发展法律体系，针对碳汇进行深入研究，对碳交易市场待解决的问题，如碳交易权、碳税等问题进行法律规范。

（二）"碳达峰、碳中和"的理论基础

1. 公共物品理论

1）公共物品概念

公共物品是指具有非排他性和非竞争性的物品和服务。

所谓排他性，即物品和服务拥有的特殊属性，使它可以阻止一个人使用该物品，或者享受此项服务。这是由于技术的排他性、物品和服务提供方的排他意愿等外部因素所决定的。而非排他性，即指该物品和服务不能或难以阻止包括没有付费的人群在内的任何一个人使用的特殊属性。

所谓竞争性，指在物品或服务的消费中，一个人对该物品或服务的消费量增加，会使其他人对该物品或服务的消费减少的特殊属性。而非竞争性，顾名思义，指该物品或服务在消费过程中，增加一个人的消费不会影响或阻止另一个人的消费。这意味着，许多人可以同时多量地消费一种物品或服务。

"非排他性"和"非竞争性"是公共物品具有的两个关键特性。举个简单的例子，就国防来说，一个国家一旦有了国防，该国所有居民都可以享受国防带来的利益。而且当一个人享受国防带来的利益时，他并不能阻止其他居民享受国防服务。

2）公共物品分类

公共物品理论依据社会物品具有"排他性"和"竞争性"的程度，将其区分

为公共物品、私人物品、准公共物品。

公共物品指既不包含排他性，也不具有竞争性的物品和服务，即具有非排他性与非竞争性的物品和服务，如国防、法律、公共安全服务等。私人物品指包含排他性与竞争性两种特殊属性的物品和服务，如文具、食品等。准公共物品指在一定程度上具有排他性和竞争性，或者只具有其中一种特性的物品和服务。基于此，学术界把准公共物品分为俱乐部物品与公共资源。

若物品和服务是俱乐部物品，则其具有较强的排他性而没有竞争性，如游泳馆。游泳馆通过收费等形式，阻止不愿意付费的人进馆里游泳，一旦获得进游泳馆的资格，在出现拥挤效应之前，对游泳馆内设备的使用并不阻止或者降低其他人的使用。但一旦超过拥挤效应的容纳程度，俱乐部物品会出现竞争性。游泳馆淋浴间使用人数超过淋浴间数量，便出现竞争性，如需要排队等候等现象。

若物品和服务是公共资源，则其具有强烈的竞争性，但却难以具有排他性。比如海洋里的鱼，当捕鱼人捕鱼的数量超过海洋里鱼群繁殖的数量，捕鱼人每捕到一条鱼，留给其他捕鱼人的鱼的数量就会减少，因此具有竞争性。但海洋领域广阔，要阻止捕鱼人捕鱼是非常困难的。

3）公共物品争议

在学术界，有一种存在争议的说法，即是否应该区分混合物品与准公共物品。本书在此仅分享学术界讨论的观点，不做定义。部分学者认为在不同时间节点，准公共物品包含的排他性与竞争性两种特征的相对程度会发生变化，但在任何情况下都只呈现一种特殊属性，即物品和服务的排他性与竞争性的程度只会更多地呈现其中一种。但混合物品具有的特殊属性是公共物品属性和私人物品特征的结合[①]。比如，HPV 疫苗的接种，HPV 疫苗由于生产成本过高，个人根据自身意愿和需求进行自费接种，这属于一种私人物品的消费，但其对社会会产生正外部性的影响，而社会整体对其正外部性的消耗又具有公共性。

各国对于气候的保护惠及全球人类，依据公共物品理论的定义，气候保护具有非排他性和非竞争性两种基本属性，属于公共物品。气候变化关乎人类生存，人们的日常生活活动，如生产钢铁、水泥，烧煤取暖、发电等，以 CO_2 为主的大量温室气体被肆意排放至大气当中，这就直接导致了大气中温室气体的含量不断升高。当温室气体含量达到一定水平时，便会产生温室效应，使地球表面

---

① 吕普生.公共物品属性界定方式分析——对经典界定方式的反思与扩展[J].学术界，2011（05）：73-78.

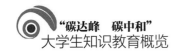

变热，对人类生存产生威胁。为了解决全球气候问题，世界各国纷纷行动起来。2015年，通过的《巴黎气候变化协定》是继《京都议定书》后又一个以明确的法律法规来约束各国行为的第二个部气候协定，"碳达峰"和"碳中和"等词语纷纷出现在各国人民的视野中。

2. "外部性"理论

1）"外部性"概念

"外部性"指个人行为对于非本体之外的福利没有任何补偿性的影响。个人或企业并不是独立存在于社会中的，当一个人或企业的行为对旁观者（即其他人、其他企业和其他社会活动主体）的福利产生影响，并且没有为这种影响买单，也无法从这种影响中获得补偿时，就会产生"外部性"问题[①]。也就是说，当私人活动中产生的私人成本不等于整个社会为此活动支付的社会成本（社会成本中包括私人成本）时，或者私人从某项活动或行为中获得的私人利益不等于整个社会从该项活动或行为中获得的社会利益，就会产生外部性。

2）正外部性与负外部性概念

如果对旁观者的影响是有利的，即社会收益大于私人收益，则称为正外部性，如修复历史建筑物、新技术的研究等。如果对旁观者的影响是不利的，即私人付出的成本比社会整体付出的成本低（私人成本＜社会成本），则成为负外部性，如汽车尾气、工厂生产污染废料的排放、不牵遛狗绳遛狗等。

当存在正外部性时，私人并没有从活动中得到全部收益，他可能会减少此类活动或者行为，比如一个网络文学IP因为被盗版网络搬运，其作者不能占有其全部利益，于是便会降低其创作积极性，减少新作品的创作。当存在负外部性时，私人活动并不考虑其对旁观者不利的影响，只要其得到的收益高于其付出的私人成本，便会继续这种行为和活动，如汽车尾气的排放。柴油作为燃油型汽车的主要燃料，在为汽车提供行驶动力的同时，释放出大量温室气体，加重环境污染。但驾驶汽车的司机收益并不会因此而降低，所以他们不会有意识地更换更加环保的电动汽车。

3）"外部性"与全球气候问题

为了使"外部性"问题得到解决，政府可以通过激励改变，以使人们意识到自身行为的外部效应，即"外部性"内在化。著名经济学家曼昆在他出版的《经

---

① [美] 曼昆. 经济学原理 [M]. 第七版. 北京：北京大学出版社，2015：211.

济学原理》一书中，为读者详细阐述了 10 条关于经济学的基本原理，其中一条原理表明：激励政策会得到人们的积极响应。激励是引导某人做出某一特定动作的某种刺激源。政府可以通过实施公共政策来使"外部性"内在化，如征收或增加具有负外部性的物品和服务的税费，发放或增加正外部性的物品和服务提供者的补贴。

为了解决全球气候问题，抑制 CO_2 等温室气体排放量继续增加，各国展开了对碳税的课题研究，即对 CO_2 的排放量进行征税，使"外部性"内部化。当政府对不同程度的 CO_2 排放量进行不同税率的征税，企业、公益组织、个人等利益相关者纷纷减少碳排放量增加的行为和活动，如在下班通勤的出行方式选择上，个人将更多地选择乘坐公共交通工具，而非驾驶私家车出行，这有利于改变其能源使用结构和能源消费结构。

碳税的实施会倒逼各行业企业的绿色发展。对企业征收碳税将增加企业能源使用成本，企业必须在原有技术的基础上，合理调动生产能力，采用节能技术，使能源利用率最大化，把能源消耗量降到最低。从长远发展角度，为了降低企业成本，提高生产效率，企业会倾向于投资绿色能源开发和利用的技术，寻找替代能源，改变企业的能源消费结构。如可口可乐公司投资氢能源技术的开发，使用清洁能源代替原有的煤炭能源进行生产，不仅增进了环境的可持续发展，还为企业节省了生产成本，赢得了成本优势。

中国碳税研究始于 2009 年开始，至今已形成了大体框架，但是具体的法律条款仍在审核中。据了解，环保部在 2015 年 5 月提交的《中华人民共和国环境保护税法（送审稿）》中，碳税被纳入环境税的税目，碳排放量较大的工业行业是碳税征收的主要对象，碳税税率将从每吨 CO_2 10~100 元的区间中选定。

3. 稀缺性理论

1）稀缺性理论概念

资源稀缺有一个相对前提，即人类的欲望是无穷无尽的。稀缺性表明，资源有限性决定了用来满足欲望和生产的经济物品资源同样也是有限的。由于资源较为稀缺，所以必须合理配置资源以满足人类需求，这是经济学研究的出发点。

一方面，欲望及需求的多样性与无限性造就了人类。依据需求层次理论，基础的生理需求是人类最基本的，如衣服、食物和住房等。当人类最基本的生理需求得到满足时，人类将产生安全、社交、尊重和自我实现等更高层次的需求。在不同的时空，人类需求是不一样且多变的。而在同一时空，人类需求并不是通过

单一的满足就会消失的，在满足一种需求之后另外一种需求便会随之产生。故而，人类需求与欲望是无限的。

另一方面，资源的可获得性是有限的。首先，资源本身存在有限性，既能满足欲望又可以用来生产经济性物品的资源是很有限的。自由物品与经济物品在经济学中通过满足人类欲望或者需求来分类[①]。自由物品是指人类可以无条件、无需加工、无限获取的自然资源，是不需要付出任何代价的资源，如空气、太阳光、风等。经济物品是指需要经过一定加工过程才能满足人类欲望的资源，在加工过程中，需要投入一定的人力、物力和财力等。用于生产经济物品的资源分为可再生资源和不可再生资源。可再生资源是指在人类有意义的时间内可以再生的资源，如农作物、海鲜等。不可再生资源是指在人类有意义的时间内无法再生的资源，如矿石、煤炭、石油等资源。资源的再生需要时间和过程。如果资源再生的速度赶不上人类开发利用资源的速度，那么可再生资源在一定的时间和空间上也是有限的。人类需求无限性更加剧了不可再生能源的稀缺性。

2）环境问题中的资源稀缺性

地球上存在无数资源，但人类对于资源的捕获和运用的能力是有限的。目前，人类开采最多的原材料多是地壳表面或者地壳中的资源。就能源方面来说，人类目前使用最多的能源材料是石油和煤炭，属于不可再生资源。同时，这些燃料在燃烧过程中会产生大量的温室气体污染环境。对于清洁能源的开发和利用，就人类目前的技术而言并不成熟。比如，对太阳能和风能的转化和存储技术并不完善，无法持续地为满足人类生活需求供应电力。在核能的开发利用方面，人类目前只掌握了核裂变技术，此技术在运用的过程中产生的核污染对地球生命危害极大，对于核废料的处理技术也并不完善，所以人类正在攻克能为人类提供更大能量且更安全的可控核聚变技术。

2021 年 5 月，中国地质学家丁仲礼院士在中国科学院科学系第七届学术年会上分享了《中国"碳中和"框架路线图研究报告》。丁仲礼院士提出，我国想要实现"碳中和"必须从三个方向共同发力，即能源结构方向、能源消耗方向、人类固碳方向。从能源结构方面入手，投入大量资金研究清洁能源，构建新型能源供应体系；从能源消耗方面入手，采用电力、氢能来代替煤气、燃油等能源，

---

① [美] 保罗·A·萨缪尔森，威廉·D·诺德豪斯 . 经济学 [M]. 第 19 版 . 北京：中国商务印书馆 .2013：599，603.

构建多能互补的新型电力系统，同时，在人为固碳方面加强生态文明建设。到2030年，主要工作是控碳，实现"碳达峰"的目标：即2030年"碳达峰"水平稳定在116亿吨的峰值，之后必须开始下降；2030—2060年，主要工作是减碳，实现"碳中和"的目标：通过植树造林、节能减排、碳捕捉等方式来降低大气中CO_2的含量，或吸收原本滞留在大气中的CO_2，实现"净零排放"。

目前，中国的能源结构中，化石能源占比为85%。化石能源在为人类生活提供能量的过程中会产生大量的温室气体，对气候环境产生极大危害，地球生态面临崩溃的威胁。因此，国际提出"碳达峰"和"碳中和"的目标不仅是保护气候和生态环境，也是刺激人类转变能源结构，激发技术绿色革命，坚持走可持续发展道路，最终拯救人类自身。

4. 科斯定律

1）科斯定律概念

政府效力不是唯一一种可以解决外部问题的途径，也可以靠私人解决。使用私人手段解决外部问题的效果如何呢？科斯定律认为：若各方可以将资源配置协商到各方满意，最初的权力具体如何分配便显得无关紧要了。与事情相关的各方人员若意见统一，并且通过统一的途径高效地解决外部性问题。这个定律以经济学家罗纳德科斯（Ronald Coase）的名字命名，但他没有明确地将这一定律写成文字。

科斯定律指出，在产权界定明确且交易成本几乎为零的市场中，负外部性将自动受到各方协商协议的约束，使得负外部性问题得到解决。因此，解决人类生活和工业发展造成的环境污染的负外部性，从理论上可以建立一个市场，尽可能降低交易成本，市场中各方可以交换、购买、出售和转让碳产品和碳排放权等。科斯定律是碳排放交易市场得以实现的理论基础。

2）科斯定律与碳排放交易

火力发电等化石能源的燃烧使用、传统交通工具的使用、废弃物处理（如垃圾焚烧）等工业生产活动和人类日常行为活动，无一不在向大气中排放以CO_2为代表的温室气体，进而导致全球温室效应的加剧，这是工业生产和人类生活活动给环境带来的负外部性效应。为了应对全球气候问题，联合国基于《联合或气候变化框架公约》对世界各国进行了CO_2排放量的分配。一些发达国家因大力发展工业，早在20世纪70年代就已经达到碳排放量的峰值，虽然后来这些发达国家把大部分工厂迁到发展中国家进行建设，但人民已经习惯的生活方式等，仍使得

这些国家的碳排放量远高于其被规定的碳排放量标准。

世界上第一部关于气候具有法律效力的《京都议定书》中规定，如果发达国家无法通过技术创新和其他方法减少本国的碳排放量，使其达到协议规定的碳排放标准，他们可以花钱从超额完成任务的国家中购买他们余下的碳排放配额，即碳排放权可以进行交易。为了实现各国制定的"碳达峰"与"碳中和"目标，碳排放交易市场应运而生。

碳排放交易是在不突破规定的碳排放配给量的前提下，企业可以将剩余的碳排放配给量与其他企业或者国家进行资源交易。这其中的交易成本被尽可能降低。而碳汇交易是其中的重点之一，即通过提高碳汇来抵消碳排放量的配给限额。目前，国外已经达成了一些碳交易项目，也形成了一些碳排放交易市场。但这些项目和市场规模较小，市场机制不规范，对于碳产品、碳排放额度等交易机制不明确，碳排放交易法律不完善等一系列问题。若想形成有效率的碳排放交易市场，还需要进一步发展和完善。

5. 庇古理论

1）庇古理论概念

庇古理论（Pigou theory）是由阿瑟·塞西尔·庇古在其《福利经济学》这本书中提出来的。他在书中论述到当某种产品由于负外部性致使市场失灵时，政府应进行适当干预，对该产品进行限制或征收庇古税，进而解决市场困境的理论。外部性是引发市场失灵的重要表现。

2）庇古理论与外部性

经济外部性又可分为正外部性和负外部性，两者均会导致市场配置效率降低。分开来说，正外部性是指生产者的个人收益小于社会收益，使其无法获得自己所生产的产品的所有产值，从而导致生产小于需求。举一个有关正外部性的例子，某项投资对上游产业和下游产业都具有外部性，但每个私人投资者都倾向于坐等他人投资，自己享受外部性，从而造成低投资低增长的贫困陷阱。负外部性是指生产者所付出的私人成本要比社会成本低，从而激发生产者的积极性，导致生产大于需求。负外部性的一个典型例子就是环境污染，由于生产者不必为生产过程中造成的环境污染付出代价，导致定价过低，市场均衡价格低于社会真实成本，从而产生无谓损失，如图2-4阴影部分所示。马歇尔在《经济学原理》一书中首先提出了外部性的概念，但是是由庇古——马歇尔的学生更进一步研究并完善的。他是建立在边际效用价值理论之上，使用"边际私人净产值"和"边际社会净产值"的概念，阐述了自己对外部性的观点，认为缓解外部性的办法便是政府干涉。庇古还指出，在市场经济活动过程中，一旦某生产者给其他生产者或整个社会带来了不需要付出代价的风险时，即生产者所付出的私人成本远远低于社会成本，政府应当对这类生产者或企业征税，以增加生产者的成本，从而减少该生产者的产出；而对于边际私人收益小于边际社会收益的生产者，政府应当对这类企业或生产者实行奖励或津贴，鼓励他们的发展。庇古提出，政府可以通过这种征税或补贴，以实现外部效应内部化。

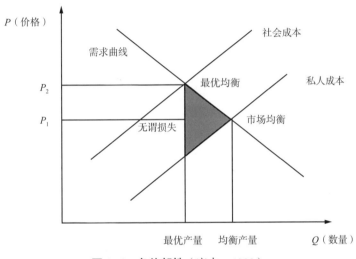

图 2-4　负外部性（庇古，1920）

3）庇古理论应用

外部性内部化的措施在生产端和消费端实施，虽然都能够矫正外部性，但是福利的重新分配效果是完全不同的。对生产端补贴或征税，会增加或减少生产者剩余，而对消费端实施补贴或征税，改变的则是消费者剩余。在经济发展过程中，由于市场的低效率及各经济的低约束性对环境造成不可避免的破坏，针对能源浪费，征收环境税就是矫正环境外部性的一个有效途径，它可以将社会成本内部化，由此实现帕累托最优。具体到气候领域，这一问题就变得更加复杂，主要原因就在于气候的"公共物品"属性。例如，中国的碳排放和其他国家的碳排放对全球气候影响是完全一样的，然而中国在减排方面付出巨大的代价所产生的收益别的国家可同等程度的共享，但减排成本却由中国独自承担。这和征收环境税不同，如果一国征收的环境税率较高，则被征税企业有可能会迁到税率较低的国家生产。鉴于此，各国乃至一国内部在应对气候问题方面很难做到尽心尽意。

解决该问题的关键就在于政府统筹,因地制宜地制定减排策略和减排计划。实现"碳达峰"和"碳中和"目标就是我国为应对全球气候变化,统筹国内与国外两个大局,着力解决资源环境约束问题所做出的重大决策。

实际上,很难有一种完美的方案能够解决温室气体排放的外部性问题。中国经过各种理论的探索和实践,根据本国的实际情况,选择基于科斯理论的"碳交易"模式和基于庇古理论的"碳税"手段以减少温室气体排放。相对而言,碳交易更容易金融化,更容易吸引社会资本进入,更能提高资源配置效率。但是,受中国目前市场环境所限,如果在各行业开展碳交易,仍然存在很高的道德风险和监管成本。有专家预测,全面运行的全国碳市场仅仅只能覆盖我国一半的碳排放量。因此,碳税的实施是大势所趋。此外,碳税的优点在于能够有效促进碳减排,简单易行,增加政府收入,所增加的税收收入又可用于创造新型减排技术,促进减排目标的早日实现。

6. 可持续发展理论

1)可持续发展理论概念

可持续发展(sustainable development)被界定为:"能满足当代人的基本需求,而不会对其后代人实现此需求的能力造成危害的社会发展过程。它包含了两个主要的范畴:基本需求的定义,特别是对于全球各国民众的基本需求,并将其置于特别优先的地位来考量;基于限制的概念,技术状况以及社会机构对经济环境中满足目前和将来要求的能力所施加的影响等。"

2)可持续发展理论起源

可持续发展理论主要起源于20世纪50~70年代。当时,各国之间的政治、经济、人口等外部环境都不相同,地区之间的环境、资源等状况也存在差异,这种彼此之间的不均衡严重影响着经济发展和社会前进的步伐。在此背景下,寻求一种适应社会、经济需要的增长方式——可持续发展应运而生。不可否认,经济的高速发展带给人类丰富物质资料的同时,也给大自然带来了环境污染、资源浪费等恶劣问题。传统的经济增长观点认为,只要GDP在不断增长,经济发展过程中给社会所带来的所有问题都能很容易解决。但事实并非如此。英国工业革命在推动英国经济快速发展的同时,也带来了严重的环境污染问题,"伦敦烟雾事件""泰晤士河内鱼虾几乎绝迹"等悲剧的发生无一不警醒着全人类,人类的生存发展必定要与自然环境相和谐,任何以破坏自然环境为前提的经济发展终将付出惨痛的代价。

进入 21 世纪后，越来越多的国家意识到社会发展与自然环境和谐共生的必要性，可持续发展理念也成为这个时代的主流观念。可持续发展的范围十分广泛，涉及生态环境保护、人口容量有限性、自然资源使用等问题，要将经济、人口、自然、环境等问题统筹考虑，以实现充分平衡。总之，可持续应该是整个国家乃至整个人类社会的全面可持续发展，其内涵包括了人类经济、社会、自然生态和自然环境四方面的内容。保护好生态环境才能促进人类社会的永久生存，才是可持续发展的根本理念，可持续发展也必然是人类未来的选择方向。

3）可持续发展理论应用

随着经济社会的不断发展，社会工业化进程的加快，势必会过度使用甚至破坏森林及其他不可再生资源，导致 CO_2 等含碳温室气体剧增，全球气候也发生了巨大变化，如温度上升、雨水变化和极端不良气候的发生，无不警示着人们要关注环保、气候变化问题，并与大自然和谐共存。可持续发展则是人和自然环境之间的矛盾运动中，唯一合理的选项。但是，在人类经济社会发达的今天，所有大自然和资源都必须要被保护好，充分利用所有可利用的可再生资源，以维持地球生态平衡和生物多样性，进而减少经济社会发展对大自然的损害力度。可持续发展的真正目的，是经济社会发展必须与人民生活质量水平、国民生存能力保持同步提升。各国也在为可持续发展做着很多的努力，比如环境治理等，包括"绿水青山就是金山银山"理念，也是可持续发展的具体落实。

当然，可持续发展绝不仅仅只是一个标语或者口号。为了当代的繁荣和后代的发展，可持续发展理论已不仅仅停留在学者的学术讨论层面，而是转向将其付诸社会实践。随着全球化进程的不断加快，世界各国也正在为全球可持续发展做出自己的努力。追求可持续发展已然成为全人类在 21 世纪所面临的新选择。而在"碳达峰、碳中和"的背景下，应对日益突出的环境问题和日益严峻的全球气候变化趋势，中国着力解决经济发展与环境治理的突出矛盾，便是对可持续发展理念的最好贯彻。

三 **中国"碳达峰、碳中和"发展沿革与政策演变**

（一）中国"碳达峰、碳中和"发展沿革

回顾世界气候治理与发展的历史，"碳达峰、碳中和"这两个概念有着清晰的发展沿革（图3-1）。1992年，《联合国气候变化框架公约》在全球范围内形成统一规划的气候治理机制，该文件的出台也表示全球诸多国家对气候治理问题有了关注；随后，《哥本哈根协定》《京都议定书》等国际文件的签订，为全球气候变化治理指明了方向，但是由于国家之间政策实施的差异和全球气候治理发展趋势的变化，上述文件对国家的约束力减弱。直到2015年12月，《巴黎协定》的签订让世界又重新关注到气候变化这一重要议题，该协定第一次以量化标准指出全球应为气候变化限制在1.5℃而共同努力，我国在政策制定也是以1.5℃这个标准为指引，各项重大的气候应对措施建立在1.5℃这个量化指标上。中国作为负责任的大国，2020年9月，向全球提出了"碳达峰、碳中和"这一重要承诺，同年12月，联合国秘书长提议在全球组建"碳中和联盟"，至此，全球"碳达峰、碳中和"行动框架基本构建，这一理论也逐渐系统化。

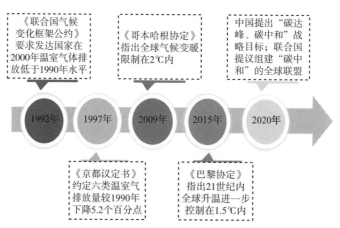

图3-1 气候治理政策文件发展沿革

1. 中国"碳达峰、碳中和"的形成

中国在"碳达峰、碳中和"理论形成方面，不仅考虑了国际间重要会议的

开展与落实，对气候变化造成的危害认知也在一定程度上推进了我国政策理论的形成。工业革命的开展，使得 CO_2 等温室气体大量排向大气，随着人类的不断发展，这样的形势越演越烈，气候危机随之而来，全球温度异常、冰雪融化、极端天气，这些灾难性影响逐渐呈现在人们面前，作为发展中国家的中国，既要保证国家经济发展，解决贫困问题，同时，也关注到气候变化对于国家和后代的影响，"碳达峰、碳中和"战略应运而生。另外，全球诸多国家做出承诺，在不同时期内达成"碳达峰、碳中和"，中国作为负责任的国家，主动承担大国责任，提出"3060"两个时期的低碳发展目标。

1）全球气候变化趋势与危害

随着世界人口数量加大、工业活动加剧、温室气体排放增加，大气环境不断被破坏，海洋环境不断恶化，森林面积不断减少。世界气象组织观测并完整地记录了1981—2018年全球气温的变化。根据最新统计结果显示，2014—2018年，这5年的平均气温是从有完整气象数据记录以来的最温暖的5年，2018年的全球平均气温，相较人类在工业化改革之前的平均气温足足高出了约1℃，相较于1981—2010年的年平均气温高出了约0.38℃。科学与实践证明全球气候变化会对自然生态环境产生重大影响，也会对人类经济社会发展构成重大威胁（图3-2为世界陆地和海洋平均气温走势）。

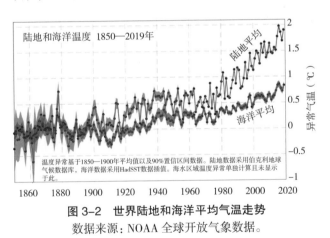

图 3-2　世界陆地和海洋平均气温走势
数据来源：NOAA 全球开放气象数据。

图 3-2 显示了过去 170 年全球地表气温变化，长序列数据揭示全球气候呈显著增长，2022 年最新的联合国政府间气候变化专门委员会第六次报告数据同样呈现此趋势。图 3-3 为气温变化带来的负面影响。从空间和时间两个角度看，近50 年来，全球气温变暖的覆盖范围之大、变化速度之迅、变化幅度之强，实属

罕见，全球气候增温加剧将导致一系列负面影响，其中，冻土融化、冰川消融、极端天气、强台风等事件势必加剧，这对生物多样性和人类生存将产生不可逆的消极影响。因此，各国应该联手行动，在宏观规划和政策制定中将气候应对措施纳为重要考虑对象。

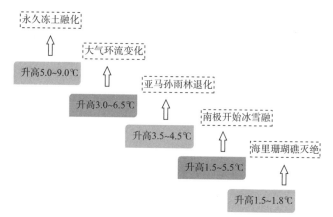

图 3-3　气候变化带来的灾难性影响

图 3-4 为全球大气 CO_2 的浓度，数据显示目前大气中 CO_2 的浓度值已经达到 50 万年之最。这将持续影响世界环境，整体呈现持续走暖趋势，如果人类不主动作为，采取行动，人类的生存环境将会走向崩溃，当今世界已经是人类命运共同体，作为发展中国家的中国，担起大国重任，结合国际间的倡导提议，提出了长期和短期相结合的气候应对措施。

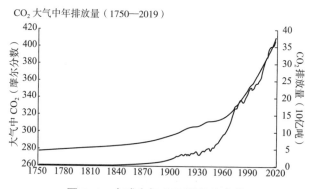

图 3-4　全球大气 CO_2 的浓度走势
数据来源：NOAA 全球开放气象数据

2）中国气候变化趋势

从 1901—2020 年中国观测和完整记录的气象数据中可以看出，中国地表温度的年平均气温显著上升。1998—2020 年，这 20 多年的平均气温达到了 20 世纪初以来的最暖时期。测量每 10 年一次的中国地表平均气温，结果显示 1951—2020 年，每 10 年升高约 0.26℃，升温速度相较于同期全球平均气温的变化明显较快（图 3-5 为中国地表温度走势）。

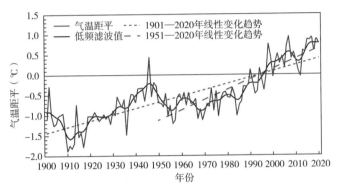

图 3-5　中国地表温度走势

数据来源：中国气象局气候变化中心《中国气候变化蓝皮书 2021》。

中国气象局气候变化中心提供了最新的监测数据，数据显示在全球气温逐渐升高的大环境下，我国气候和全球气候走势趋同（图 3-6）。而且，从全球地理分布来看，我国地处气候变化的敏感地带，在长时间内温度升高情况更甚于全球平均水平。图 3-6 显示我国总的 CO_2 排放量显著高于其他国家，这对于我国掌握国家话语权，气候谈判，国内生产生活，国民经济建设将产生一系列的不良影响。因此，实现国家低碳转型、绿色循环势在必行。

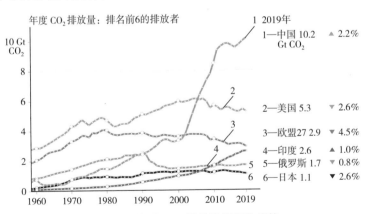

图 3-6　我国 CO_2 排放数量变化趋势

数据来源：二氧化碳信息分析中心数据档案库。

（Carbon Dioxide Information Analysis Centre，CDIAC）

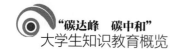

我国地区之间气候变化速率差异较大，呈现明显的空间分布格局。因此，政策制定与落实需要充分考虑区域气温差异和经济发展差距，因地制宜，适地适策采取有力措施，保证区域稳定发展的同时实现国家整体的低碳发展。

3）气候变化国际谈判进程与世界各国低碳发展目标

自 20 世纪 80 年代以来，全球气候变化成为科学界持续关注的问题，随着研究和认识的不断深入，联合国政府间气候变化专门委员会经过长期的观测和记录，对全球气候变化先后发布六次评估报告，报告指出人类社会活动是造成全球气候变化的主要原因，在这六次报告中，一次比一次肯定了人类活动对气候变化的影响。各国在开展环境治理中也达成了诸多协议，这些国家以国际间的文件和协定为指导，制定了符合国情的宏观发展策略。在气候框架逐渐构建完善后，各国结合自身国情发展出台了诸多政策法案，各国尤为关注"碳达峰、碳中和"愿景实现的关键时间点。本书基于全球主要国家和地区在"碳达峰、碳中和"时间承诺进行了梳理（图 3-7 为全球主要国家"碳达峰、碳中和"实现路线；表 3-1 为气候变化国际谈判的重要会议和文件）。

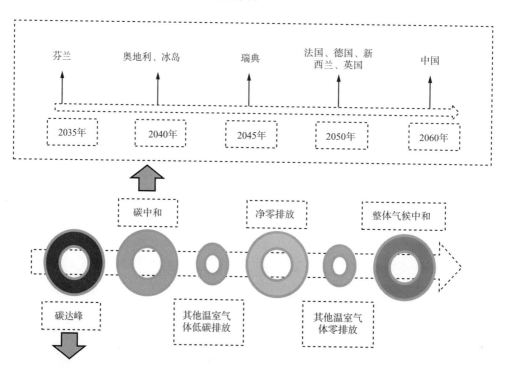

碳达峰实现时间及数量	实现碳达峰的具体国家
1990 年前（19 个国家）	俄罗斯、白俄罗斯、塞尔维亚、捷克、挪威、罗马尼亚等
1991—2000 年 （33 个国家）	法国（1991 年）、波兰（1992 年）、瑞典（1993 年）、芬兰（1994 年）、 比利时（1996 年）、瑞士（2000 年）等
2001—2010 年 （49 个国家）	爱尔兰（2001 年）、奥地利（2003 年）、巴西（2004 年）、 加拿大（2007 年）、冰岛（2008 年）等
截至 2020 年	日本、韩国等国家
截至 2030 年（预计）	中国、新加坡等国家

图 3-7　全球主要国家"碳达峰、碳中和"实现路线图

表 3-1　气候变化国际谈判进程

时间（年）	1990	1992	1997	2015	2020
事件	国际社会在联合国框架下开始关于应对气候变化国际制度安排的谈判	达成《联合国气候变化框架公约》	达成《京都议定书》	达成《巴黎协定》	中国在联合国一般性辩论时，向全世界做出承诺

4）中国正式提出"碳达峰、碳中和"目标与系统化阐释

2014 年 2 月，习近平主席在会见美国国务卿时指出：中国早前就针对自身国情需要提出了可持续发展战略，包含了应对气候变化这一内在要求，明确了我国自主应对气候变化的积极态度。2015 年 12 月，在联合国气候变化巴黎大会上，习近平主席发表的讲话进一步明确了中国的立场和态度，即将在中国"十三五"规划中把生态文明建设作为一项重要内容，通过体制、机制创新、科技创新，对产业结构进行不断优化，加快低碳能源体系的构建，逐步出台针对绿色建筑、低碳交通、全国碳排放交易市场等方面的一系列政策与措施。

2020 年 9 月，第七十五届联合国大会一般性辩论上，中国首次明确提出"碳达峰、碳中和"的目标。习近平主席向全世界承诺，中国将会采取更加有力的政策和措施，力争于 2030 年前达到峰值，2060 年前实现"碳中和"的宏远目标。自 2020 年 3 月 28 日以来，习近平主席在各种重大国际场合就"中国力争于2030 年前碳达峰、2060 年前实现碳中和"共记发表了多达 11 次的系列重要讲话。

2020 年 9 月 22 日，在第七十五届联合国一般性辩论上，习近平主席首次明确表示，中国争取在 2030 年达到峰值，随后将逐步下降，力争在 2060 年前实现"碳中和"，为保证这两个目标的按计划的实现，中国将会采取更加有力的政策和措施。

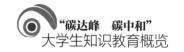
2020 年 9 月 30 日，在联合国生物多样性峰会上，习近平主席再一次强调，中国将始终秉持人类命运共同体的这一理念，并且将会继续为这一理念做出中国在全球环境治理中的贡献，承担起中国作为一个大国应有的责任与担当。中国政府将进一步制定更加有力的治理政策，以及推进更加有效的治理举措，确保在 2030 年前，CO_2 排放量力争达到峰值，随后逐步下降，力争在 2060 年前实现"碳中和"的目标。

2020 年 11 月 12 日，第三届巴黎和平论坛召开，习近平主席在致辞中提到，中国将会根据基本国情，从顶层设计到底层措施制定出切实可行的行动规划，确保"碳达峰、碳中和"这两个目标按时实现。同时，中方愿意积极参与到国际合作中来，深化相关合作，并且希望同欧方、法方一起，以次年即将举办的自然保护、气候变化、生物多样性的国际会议为契机，开展紧密合作。

2020 年 11 月 17 日，在召开的金砖国家领导人讲话中，习近平主席再一次承诺，实现"3060 碳达峰、碳中和"，是中国既定的目标。中国会积极制定出由顶层至底层的行动政策，充分调动各级单位贯彻和落实相关的措施。中国必将会坚定不移地实现这两个目标。

2020 年 11 月 22 日，在二十国集团领导人利雅得峰会上的"守护地球"主题边会上的致辞中，习近平主席表示中国在实现"碳达峰、碳中和"上的决心是坚定不移的，中国作为世界第二大经济体，有实力、有义务、有决心来实践这个承诺。

2020 年 12 月 12 日，在气候雄心峰会上，习近平主席在讲话中进一步宣布，中国在 2030 年，单位国内生产总值的 CO_2 排放量较 2050 年减少 65% 以上、化石能源消耗总量下降 25% 左右、森林蓄积量增加 60 亿立方米，加大对风力和太阳能发电的基础设备设施投入。

2021 年 1 月 25 日，在世界论坛"达沃斯议程"对话会上，习近平主席发表特别讲话时指出，加强生态文明建设是中国走可持续发展道路的必然要求，同时，推进产业结构升级以及能源结构调整，积极引导向低碳绿色的生活方式转变，是实现"碳中和、碳达峰"的基本保障。

2021 年 4 月 22 日，在领导人气候峰会上，习近平主席在讲话中表示，中国提出的从"碳达峰"到"碳中和"转换和过渡时间的承诺，相较于目前世界上许多发达国家规划的过渡时间来说，中国的规划远远短于这些发达国家，因此，中国面临着更大的挑战，需要做出更多的努力。"碳达峰、碳中和"工作已经纳入中国目前所构建的生态文明建设总体布局中，并且已从顶层开始设计"碳达峰"

的具体行动计划，各级单位已在积极落实"碳达峰"的各项行动细则。各地政府应当鼓励和支持，当地有条件的地方以及一些重点行业、重点企业率先完成达峰的目标，通过这些先达到目标的地方来带动周边地区共同完成达峰目标。在"十四五"期间，中国将会进一步采取措施控制煤电项目的开展，严格把控煤炭资源的消费量并将逐步减少煤炭消费量。此外，中国表示接受《蒙特利尔议定书》基加利修正案，采取相关措施对非 CO_2 的温室气体排放加以控制，同时，尽快完善碳交易市场。

2021 年 7 月 16 日，在亚太经合组织领导人非正式会议上，习近平主席再次强调，中国高度重视应对气候变化，中国也会努力实现 2030 的"碳达峰"和 2060 的"碳中和"目标。

2021 年 9 月 21 日，在第 76 届联合国大会上的一次重要讲话中，习近平主席再次强调，"3060 碳达峰、碳中和"目标计划，中国会咬定青山不放松，虽然任务非常艰巨，但是我们会继续努力，并且会全力以赴。中国在自身开展各项工作的同时，还会大力支持一些发展中国家清洁能源的发展，并且分享中国在能源结构升级以及能源应用技术上的相关经验，帮助发展中国家开展本国的节能减排目标。承诺中国将不会在海外新建煤电项目。

2021 年 10 月 12 日，在《生物多样性公约》缔约方第十五次会议领导人峰会上，习近平主席发表的重要讲话中提到，为了确保"碳峰值"和"碳中和"两个既定目标的实现，中国将从顶层到底层对一些重点领域、重点行业，相继制定并出台关于"碳达峰"的切实计划，加快打造出"碳达峰、碳中和"的"1+N"政策体系，严格执行相关的配套措施。中国将不断优化产业结构，同时，加强对能源结构调整，加大对可再生能源基础设施的建设投入，加快部署戈壁、沙漠地区大型风力发电，以及光伏发电的基地建设规划。

5）中国推动"碳达峰、碳中和"的有力举措

"碳达峰、碳中和"推进过程中，各行业、各部门需以"合力"支持，具体来说，推动能源结构、工业重排行业、交通运输部门、建筑部门低碳健康循环发展至关重要。另外，在技术支持、政策保障和资金助力方面，政府部门和社会团体要结合自身优势，给予资源供给的同时推动产业创新化和集群化发展。

（1）实现领域产业升级，逐步推动系统化、集群化建设。

第一，推动能源结构优化发展。2020 年，中国煤炭消费占一次能源消费比重为 57%，单位能源消费强度高于世界平均水平 30%，电力 / 热力行业煤炭依赖

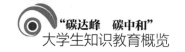

程度高，碳排放占全国总量的 1/2。中国能源体系的主要发展方向是推进能源供应、消费、技术和制度的革命，深入参与到国际合作中，建设清洁、高效、安全的能源体系，建设以新能源为主体的新电力体系。

第二，重视工业领域升级转型。中国单位 GDP 能耗是世界平均水平近 1.5 倍，高能耗的工业制造业比重偏高，工业制造业碳排量仅次于电力 / 热力行业。中国以碳强度控制为主、碳排放总量控制为辅，控制钢铁等高耗能产业扩张，淘汰落后产能，促进节能环保产业发展，建设绿色制造体系，推进工业制造业产业结构调整升级。

第三，确保交通行业、建筑领域低碳健康发展。推动新能源汽车产业、铁路电气化、水运液化天然气应用发展，优化调整运输结构，形成交通系统绿色发展。计划到 2035 年纯电动汽车成为新车销售主流。加速交通、能源与信息通信融合以助力交通运输系统减排；2015—2019 年，中国不断加大对节能建筑的建设，到目前为止，中国在建筑行业建设了超过 198 亿平方米的节能建筑，并且通过对城乡建设的规划实现让城镇的节能建筑数量大幅度增加，在总的节能建筑面积中占比达到了 56%。该比例计划至 2022 年提升到 70%。2021 年，新版《绿色债券支持项目目录》将绿色建筑、建筑节能等领域纳入支持范围。光伏屋顶、生物质供能等建筑供能改造，供暖、炊事电气化等措施进一步推广，助力全面提升建筑能效。

（2）技术开发与政策金融系统发展，助力"碳达峰、碳中和"目标如期实现。

一方面，中国碳捕集、利用与封存技术（Carbon capture and utilization storage, CCUS）目前整体处于工业示范阶段，煤炭、电力、化工等行业已经开展中国碳捕集、利用与封存技术试点。随着科技的不断发展，负碳技术将变得更加成熟，应用成本将大幅减少，到目前为止，基本可以完成对 6 亿~21 亿吨的碳捕捉。同时，中国积极推进生态碳汇林建设，森林面积 30 年保持增长，湿地、海洋等固碳作用日益受到重视。

另一方面，中国绿色金融体系建设自 2016 年后稳步发展，绿色债券发行量、绿色信贷存量全球领先。自"双碳"目标公布后，碳质押、碳回购等碳融资探索加速。在 2021 年，中国碳汇市场正式宣布上线，开始进行交易。整个发电行业属于碳排放关注的重点行业，也是第一个被纳入碳汇市场的行业。中国的碳汇市场所涉及的碳排放量自由交易量约为 45 亿吨，是目前为止全球交易规模最大的碳汇市场。通过发挥价格信号的引导作用，鼓励企业开展节能减排，碳市场的覆盖范围将逐步扩大到其他重点行业。2021年下旬，国家发改委和国家能源局联合成立碳排放统计核算工作组，加快建立统一的碳排放统计核算体系，提升各地区、各行业碳排放信息标准的一致性，为制定碳减排政策和各类主体采取碳减排行动提供依据。此外，中国已将数字化转型上升为国家战略，数字技术与实体经济正在加深融合，智能电网、智能制造、智能建筑、智能交通、智能城市等发展助力构建绿色经济。

2. 中国"碳达峰、碳中和"的发展

1）中国碳排放基本特征分析

目前，中国在碳排放上数量较大，而且呈现明显的阶段性特征。在探析中国"碳达峰、碳中和"发展过程时，需要准确把握国家碳排放现状和特征，有区别有差异地实施政策，确保行业发展低碳化、绿色化，逐步实现国家整体的绿色低碳转型。

图3-8为中国2010—2020年CO_2排放量以及在全球所占比例。在节能减排的政策驱动下，单位GDP排放量实现了2010年1.39千克/美元，"十一五"节能减排要求成果显著，到2020年，单位GDP为0.653千克/美元，较2010年下降1倍，但是由于我国尚属发展中国家，经济发展至关重要，碳排放总量和碳排放占比仍然呈增长趋势。

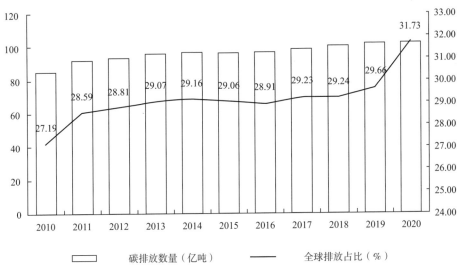

图3-8　中国CO_2排放数量和在全球的占比

本书基于中国碳核算数据库公布的碳排放数据，将其归纳为电力、工业、民用、移动源4个大类，并细分为18小类（图3-9至图3-10）。数据显示，2020

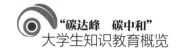

年，全国碳排放行业主要是燃煤电厂、钢铁、水泥生产，要实现全国低碳发展，控制相关领域碳排放具有重要意义，后期在政策选择和路径措施应对上也应当基于上述排放数据，实现精准施策和全局把控相结合。

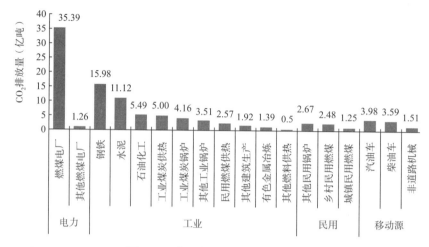

图 3-9　我国各行业 CO_2 排放情况

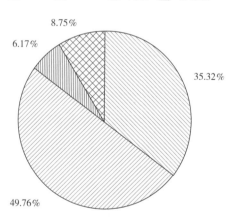

图 3-10　行业大类碳排放数量占比值

从行业大类来看，工业排放的 CO_2 量大，电力部门次之，而移动源（即交通工具）在碳排放数量上占比为 8.75%，不到电力能源部门的 1/4，行业发展应该以 2021 年 3 月 18 日全球能源互联网发展合作组织举办中国"碳达峰、碳中和"成果发布暨研讨会为契机，根据会议发布的方案，加快能源结构调整，加快开发清洁能源以提高在总能源量中的占比，提升传统能源的利用效率；让清洁能源在生产的过程中成为主导，让电能在使用过程中成为能源的主导；努力实现能源电力的发展早日与碳脱钩，整个经济社会的发展早日与碳排放脱钩；实现到2060年"碳中和"状态下，我国能源结构中的煤炭能源将完全退出，太阳能（光能）占比达47%，风能占比达31%，分别占据我国能源结构前两位（图3-11）。

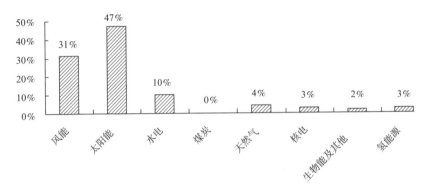

图 3-11　能源结构情景预测

2）国家部门和地方政府落实"双碳"的政策发展

2020年9月，"碳达峰、碳中和"目标提出后，国家部委和地方政府出台系列政策，保障政策的有效落实和全力推进。其中，国家发展和改革委员会、国家能源局政策文件的出台数量最多，本书结合中国政府网站、各政府机构官网，梳理截至2022年1月1日以来的重要文件，统计数据如图3-12。

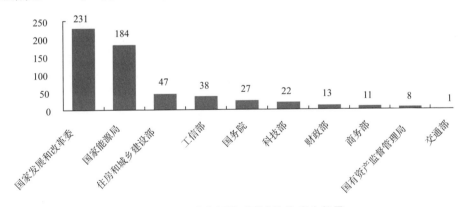

图 3-12　重点部委"碳中和"发文数量

截至2022年1月1日，国家发展和改革委以及国家能源局在"碳中和"政策落实领域推出较多文件，文件颁布占比达到71.31%。住房和城乡建设部文件数量也较多，其中，以绿色建筑、绿色建材、农村建筑改造为主，建筑光伏产业发展、供暖供气改造等为住房和城乡建设部落实"碳达峰、碳中和"目标的具体文件体现。其他国家部委在绿色发展领域提出了系列要求，这说明"碳中和"已经逐步推行开来，国家部委给予高度重视，"碳中和"战略目标发展到达一个阶段。

"碳中和"战略目标的实施，顶层设计和部门响应二者有着同样重要的位置。图 3-13 为部分一线城市在落实"碳中和"目标的政策发文量，其中，北京市发文量高居首位，地方政府在年度规划要求中关于"碳中和"的话语权越来越重，资金支持和人力保障不断增加，这对于"碳达峰、碳中和"政策的落实无疑是利好消息。总之，"双碳"目标提出后，国家部委、地方政府给予高度关注和政策支持，政策发展已经逐步走向深入，各方以"合力"形式为"双碳"战略目标达成保驾护航。

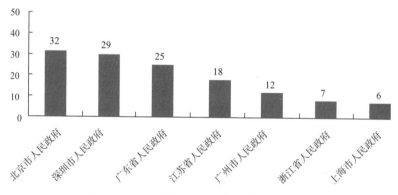

图 3-13 国家一线城市"碳达峰、碳中和"发文数量

根据"3060"目标，"碳中和"需要经历 4 个十年，共计 8 个五年计划。从减排工作部署看，4 个十年可划分为转型过渡蓄势期、能源结构切换期、近零碳排放发力期和全面中和决胜期四个阶段。

表 3-2 减排工作阶段

第一阶段 2021—2030 年	第二阶段 2031—2040 年	第三阶段 2041—2050 年	第四阶段 2051—2060 年
转型过渡蓄势期	能源结构切换期	近零碳排放发力期	全面中和决胜期
"十四五"基础摸底 "十五五"严格控排	"十六五"颠覆性技术 "十七五"灵活能源系统	"十八五"电力碳中和 "十九五"经济碳脱钩	"二十五"碳排净零 "二十一五"负碳排放

3）"碳达峰、碳中和"推进过程中已有的路径选择

（1）综合路径发展。

首先，在国家政策保障上，逐步提高碳价。提高"碳价格"，并且给碳排放

制定一个价格，把碳排放的外部成本与排放者的内部成本联系在一起。方式一为建立碳排放交易系统，即碳市场；方式二为通过给碳排放设定税率直接为碳定价。

其次，鼓励生态创新，鼓励低碳生活，力促全民形成环保共识。通过创新技术的应用降低单位能耗的碳排放强度，通过创新技术的应用降低单位GDP的能耗强度，在此基础上大力推动绿色金融，引导资金向生态创新领域投放。建立生态创新政策的协调机制，推动科技、环境、能源、工业、建筑、交通等多领域、多部门协同的生态创新政策。图3-14为低碳技术发展路线图。

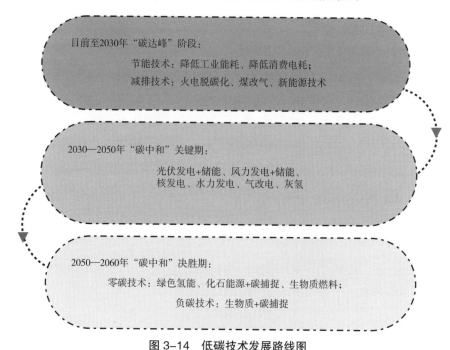

图3-14 低碳技术发展路线图

再次，完善社会治理体系，鼓励全民减排。"碳中和"目标的实现面临着重重困难与障碍，除了生态创新和调整碳价以外，社会治理也是实现"碳中和"目标的一个重要途径。垃圾分类、绿色出行、节约用电等行为都能够减少碳排放，这些行动只需要人们改变生活方式就可以实现，所以完善社会治理体系、培养公民的环保意识也是推进"碳中和"目标实现的一个重要环节。

最后，以技术发展支撑政策落实。能源供给端的技术变革是主线。实现"碳中和"的基础是提升能源技术，"碳中和"技术的主线是能源供给端的技术变革，以降本为核心，打造出光伏发电加上储存能量为主的电能电力供应系统，构建出

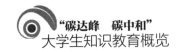
氢能应用以及碳捕捉新技术应用的非电供应技术新格局。

（2）行业路径发展。从行业看，能源、制造、交通、城市、生活等对"碳达峰、碳中和"都有重要影响，且行业特性不同，其碳排放方式和治理路径也有明显差异。CEADS 数据显示，我国能源消耗中，煤炭占据主要位置，其燃烧产生的 CO_2 排放量最大，天然气次之，石油燃烧再次之；工业领域中，钢铁行业、水泥行业、石油化工、金属开采等产生的 CO_2 数量巨大，工业领域必须保证上述行业节能减排才能助力"双碳"目标的实现；另外，交通运输行业，城市生活用水用电等领域在碳排放上都是需要密切关注的。针对行业发展，国家有关部门需要以技术为支撑，以政策为保障，提出切实可行的行动策略和方案，减轻"双碳"目标实现的阻力。通过梳理国内上述行业在发展过程存在的问题以及已采取的措施，将其归纳如图 3-15。

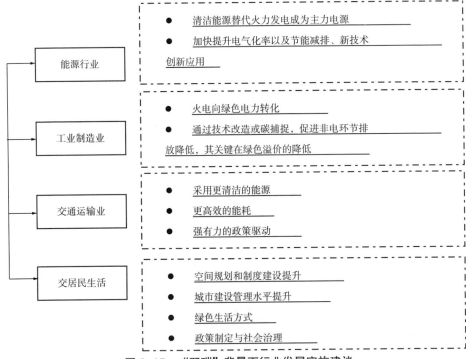

图 3-15 "双碳"背景下行业发展实施建议

4）"碳达峰、碳中和"推进过程中的因地制宜

"碳达峰、碳中和"在政策推进与落实中，要避免"一刀切"，保证因地制宜，适地适策，以差异化、多元化的方式推动地区碳减排工作，将经济发展与环境治理放在同样重要的位置。

（1）全国各地区发展情况。

华东地区。包括上海市、江苏省、浙江省、安徽省、江西省、福建省、山东省。华东地区自然环境条件优越，拥有丰富的物产资源，商品经济较为发达，具备齐全的工业门类。使得华东地区成为中国综合技术水平最高、最发达的经济区。其中，多个行业在全国占主导地位，比如，机械制造业、轻工业、电子生产制造工业等。同时，华东地区交通运输业也比较发达，公路网、水运网、铁路网都比较完善，造就了华东地区一跃成为中国经济文化最发达地区。但经济发达的背后意味着高占比的能源消耗，根据2020年国家能源统计年鉴信息显示，我国2019年华东地区总能源消费占比达29.69%，是我国七大地区中能源消费量最多的地区。为了实现国家2030年"碳达峰"、2060年"碳中和"目标，华东地区各省份的"十四五"规划目标中，都明确了加快新能源对传统化石能源的结构替代，提高非化石能源比重等规划目标，如打造山东半岛"氢动走廊"计划是山东省"十四五"期间的重点规划目标。安徽、浙江等省份在"十四五"规划和2021年重点工作任务中对非化石能源替代以及装机量提出了明确的量化目标以加快推进"碳达峰、碳中和"的相关计划制定。

东北地区。作为中国传统型工业发展地区，主要包括三个工业群，一是沈大工业群、二是长吉工业群、三是哈大齐工业群。在三个工业群的基础上，形成了两个大城市群落，包含哈长城市群、辽中南城市群。在这些城市群中，沈阳、大连等都是工业型城市。尽管受20世纪90年代末产能过剩、冗员过多、产业结构调整等因素的影响，东北工业有所衰落，但目前东北地区仍然是中国工业大省，其坐拥鞍钢、沈阳第一机床厂和大庆油田等工业能源大厂。因此，东北的能源消耗和碳排放问题也较为严重。结合区域发展特性，东北地区各省"十四五"规划目标和2021年重点工作任务中主要以发展能源替代和建设绿色工业园区为主。

华中地区。位于中国中部、黄河中下游和长江中游，占地面积非常广，包括河南省、湖北省、湖南省，涵盖了中国四大水系，包括海河、黄河、淮河、长江。其地理位置优越、资源丰富，水陆交通便利。华中地区是我国重要的建材生产区域，工厂分布较为广泛，碳排放压力也较大。根据中国碳排放交易网公布的数据，从2013年各地试点以来，湖北省的碳排放权交易总额为七个地区之中最高，达到16.88亿元。目前，华中各省为贯彻、落实国家"碳达峰、碳中和"的目标行动，在产业结构、能源结构调整升级，减排增效等方面制定了明确的具体行动方案。

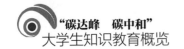

华南地区。位于中国南部，包括广东省、广西壮族自治区、海南省、香港特别行政区以及澳门特别行政区。作为我国制造业重点发展区域，是我国七个碳排放交易试点地区中碳排放权交易总额仅次于湖北的区域，有较大的节能减排需求。华南地区紧邻我国南海，海上资源丰富，发展风能、海洋能和太阳能的自然条件优越。因此，华南地区"十四五"规划目标中，关于节能减排的方向主要是利用沿海资源大力推进发展清洁能源，推动传统产业生态化、绿色化改造。

西南地区。包括重庆市、四川省、贵州省、云南省、西藏自治区，处于长江中上游，覆盖云贵高原和青藏高原南部，在发展水力发电和光伏发电以及风力发电有较好的自然条件。西南地区各省政府在"十四五"规划目标中，水力发电和风电等新能源发电是一个重要的目标方向，其中，云南和西藏在2021年工作任务中提出了相关项目的具体建设要求和目标。

西北地区。包括甘肃省、宁夏回族自治区和新疆维吾尔自治区，地处中国的西北部内陆地区。西北地区平均海拔较高、人口较为稀少、干旱缺水、荒漠面积较大，整体生态环境十分脆弱，虽拥有丰富的资源但开采难度较大。由于西北地区的地理特点，其白天日照充足，常年降水较少，风沙较多且地势较广，不利于电网的铺设反而非常利于开发光伏和风电项目，因此，历来是我国清洁能源建设的示范地区。相比于其他区域，西北地区"十四五"规划目标和重点工作任务在于大力推进新能源的同时，还积极布局电网的深入覆盖。

华北地区。包括北京市、天津市、河北省中南部、山西省、内蒙古自治区中部，是中国煤炭的主要产区。2020年，中国煤炭总产量约为38.44亿吨，产煤炭最多的两个省份为山西和内蒙古。其中，山西的总产量占到了全国总产量的27.66%，内蒙古总产量占到了全国总产量的26.04%，两省合计占比超过全国总产量的50%。伴随着"碳达峰、碳中和"目标任务的正式提出，煤炭目前是中国能源结构中占比最多的能源，同时，煤炭又是主要的碳排放来源。因此，华北地区传统的能源结构亟待调整，毫无疑问成为传统能源结构升级改造的重点关注对象。华北地区的重点任务，就是在"碳达峰、碳中和"背景下，针对自身实际情况制定出切实可行的"十四五"发展的主要目标和规划，不断推进对传统能源结构的优化调整，加快提升安全高效开采煤炭的新技术、新手段，提高煤炭的清洁利用效率。同时，加大部署清洁能源，提升清洁能源在整个能源结构中的占比，确保"3060"减排任务和目标顺利实现。

（2）各区域政策实施指南与建议。

以打造零碳城市为总体发展目标，测量评估当地碳规模与碳结构，评估碳排放年度增速和"碳达峰"周期，制定地方"碳达峰、碳中和"发展规划，制定行业配额制度，促进绿色投资与碳交易碳消费，争取提前完成"3060碳达峰、碳中和"发展目标，各地区可从如下方面入手。

①组织"碳达峰、碳中和"培训与学习：组织各级党政部门全面学习"碳达峰、碳中和"相关知识和相关政策部署。

②制定地方"碳达峰、碳中和"发展规划：成立当地"碳达峰、碳中和"发展规划小组，委托制定发展规划。

③制定地方"碳达峰、碳中和"行动计划：制定地方"碳达峰、碳中和""十四五"行动计划和年度计划。

④测量计算地方碳排放规模与结构：委托专业机构对当地进行碳排放规模和结构进行策略，评估"碳达峰"周期。

⑤制定碳排放行业配额制度：根据测量和评估结果制定当地碳排放配额制度和落实监督工作计划。

⑥加大绿色金融投资：全力推进绿色金融投资、财税制度和行政扶持，以及企业投资。

⑦促进碳交易降低发电成本：加大能源补贴，促进科技创新，降低新能源发电成本，加快传统能源改造。

⑧推进城市综合治理：推进城市环境保护、生态治理和社会治理，加大交通等重点行业降碳力度。

⑨促进碳消费：实施碳捕捉、碳存储、碳化学利用与碳消费，全面降碳。

⑩加强低碳生活宣传教育与行动：加大低碳生活宣传与教育，制定低碳生活奖惩制度，加大低碳生活补贴。

⑪加强落实监管：实施"碳达峰、碳中和"落地监管，实施定期巡查不定期抽查和举报制度。

⑫积极推进区域"碳中和"协同治理：积极推进区域共治，成立"碳达峰、碳中和"区域联盟，制定具体行动措施。

区域政策实施中，考虑行业发展特性、措施的落地性和可操作性，政策推进过程可以从责任主体明晰、产业结构优化调整、能源结构转型升级、城市治理综合化、电力改革、法规制度支持等方面入手，具体如图3-16。

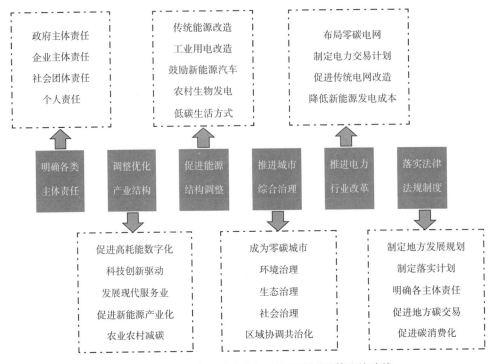

图 3-16 "碳达峰、碳中和"背景下区域政策实施路线

（二）中国"碳达峰、碳中和"政策演变

　　全球在环境治理方面的时间发展大概可以归纳为启动、推行、落实、升华这四个阶段。1988 年，联合国环境规划署与世界气象组织为更加系统深入了解全球气候变化情况，把握全球气候变化趋势，两机构共同成立了联合国政府间气候变化专门委员会，该组织负责评估、了解、整理全球气候变化进程，随后该组织开始以评估报告的形式对外揭示全球气候变化情况，截至 2022 年 3 月，评估报告已发布到第六次，联合国政府间气候变化专门委员会的成立也标志着全球气候变化治理工程的启动；1997 年，京都气候大会召开，会议讨论并通过《京都议定书》，第一次以国际间法律的形式对全球温室气体的排放做出限制，各国政府也以该协议为指导出台诸多符合本国发展的与气候变化相关的政策法规，京都气候大会和《京都议定书》的签订也彻底标志着应对全球气候变化的工作进入到推进阶段；2015 年，巴黎气候大会召开，会议确定了对更多成员在气候变化方面具有法律约束的条款，该会议第一次以量化标准提出全球温度增幅控制在 2℃以内的水平，中国在会议中也明确提出到 2030 年左右我国 CO_2 排放量达到顶峰。巴黎气候

大会是一场具有标志性的会议，向世人传达出人类低碳转型的发展理念。图 3-17 为国际气候变化相关的重要文件和会议。

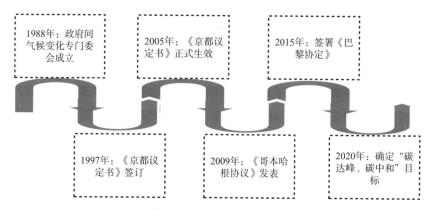

图 3-17 国际气候变化重要文件和会议路线图

2020 年 9 月，中国向世界宣布力争 2030 年前碳排放实现峰值，2060 年前碳排放实现中和的目标后，低碳绿色发展被赋予新的时代意义。2021 年 10 月 24 日和 26 日，《中共中央 国务院关于完整准确全面贯彻新发展理念做好碳达峰碳中和工作的意见》（以下简称《意见》）与《国务院关于印发 2030 年前达到碳达峰行动方案的通知》（以下简称《方案》）相继出台，为中国未来"碳达峰、碳中和"目标的实现在顶层设计上明确了路线与方针。实现"碳达峰、碳中和"是一项系统工程，相关政策的制定是一个不断发展与完善的过程。本书结合我国气候治理推动进程，梳理关键"碳达峰、碳中和"推进的关键时间点，从政策演变和发展沿革两方面入手，回顾我国在全球气候变化治理中做出的巨大贡献。

1. 中国"碳达峰"政策演变

"碳达峰、碳中和"战略目标提出后，国家有关部门出台了一系列政策和文件。从关键时间节点看，2030 年要实现"碳达峰"目标，政府部门从各地区、各行业出发，制定符合国家整体发展目标的同时又充分考虑行业间差异，稳妥有序，保证政策有效落实。随着时间的推移和环境的变化，这些政策也在不断地发展和完善，"碳达峰"政策的演变过程可划分为准备阶段和完善阶段。

1）中国"碳达峰"政策准备阶段

在"碳达峰"政策出台之前，国家在与"碳达峰"相关的能源与环境领域出台了一系列相关政策，为"碳达峰"政策的出台进行了前期铺垫，主要包括以下政策，见表 3-3。

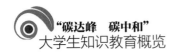

表 3-3 碳达峰政策准备阶段重要文件

时 间	文 件
2020.10.26	《中共中央关于制定国民经济和社会发展第十四个五年计划和2035年远景目标的建议》中指出：各地要积极响应和落实减排计划、加强对环境的监管，不断提升环境质量、严格执行相关法规以确保生态系统的稳定性、预估资源消耗量限制超额消费、全面提升企业生产技术提高资源能效转化比；同时，各地政府应当积极鼓励当地有条件的地区制定区域优先达标计划，率先完成达峰任务，然后帮助和带动周边地区逐步完成"碳达峰"任务。制定适用于各地的2030年前碳排放达峰的方案。文件从宏观层面明确了生态环境与"碳达峰"目标实现的关系，并鼓励各地积极参与到"碳达峰"进程中来
2020.12.31	《碳排放交易管理办法（试行）》提出了建立全国碳交易市场的具体实际意义：对碳排放市场的一切交易活动进行规范，充分发挥市场机制来控制和减少温室气体的排放量。碳排放交易有利于促进绿色低碳发展，是一项重大的制度创新；该管理办法的试行，成为我国目前"碳达峰"目标愿景的重要支柱。将市场机制引入碳排放领域，激活碳排放交易市场是应对碳排放问题的有效解决方法，规范碳排放交易市场就是首先要解决的问题
2021.1.11	生态环境部发布了《关于统筹和加强应对气候变化和生态环境保护工作的指导意见》，意见中指出：各地应当积极鼓励能源、工业、交通和建筑等一些重点领域，加强开展"碳达峰"的专项减排计划。不断推进钢铁行业、建筑行业、有色金属行业、化工行业、石油行业、电力行业、煤炭行业等一些高排放的行业实现"碳达峰"目标，明确制定出"碳达峰"的具体行动计划；积极响应国家应对气候变化战略，更好地履行气候变化领导部门的职责，积极贯彻针对气候变化的相关政策以及不断推进生态环境保护的相关工作。该指导意见从执行层面明确了企业和行业的任务和目标，为实现"碳达峰"目标提供了环境政策支持
2021.2.22	国务院发布《关于加快建立和完善绿色低碳循环发展经济体系的指导意见》：要求各级单位加快制定出向低碳绿色循环发展转变的经济体系和相对应政策，以及切实可行的具体行动方案，确保能够按时完成3060"碳达峰、碳中和"的目标任务，开启中国绿色发展的新阶段
2021.3.5	第十三届全国人大四次会议《政府工作报告》提出：各级要扎实推进"碳达峰、碳中和"的具体工作，积极贯彻大政方针以及加快落实"碳达峰"过程中的各项措施
2021.3.11	《中华人民共和国国民经济和社会发展第十四个五年计划》和《2035年长期目标纲要》相继出台，进一步完善了"碳达峰"政策，"十四五"规划的发展目标明确提出：2035年，中国单位GDP能耗和CO_2排放量分别减少13.5%和18%，实现2030年国家独立应对气候变化的目标。完善在能源消费总量，以及强度的双重控制体系，加大对化石能源消费的预算和控制。制定出碳强度为主要控制，同时以碳排放总量为辅助来控制的相关制度；支持倡导有基础条件的区域和企业，发展重点领域行业，带动其他行业如期实现"碳达峰"；推动对能源的清洁、低碳、安全、高效利用，并且进一步推进对重排行业的升级改造，增强环境生态系统，自身的碳交换能力；明确碳排放目标和对能源结构体系进行优化，进一步推动"碳达峰"目标的实现
2021.3.19	国务院发布了《关于实施政府工作报告重点工作分工的意见》明确提出："碳达峰"目标的实现需要统筹各相关单位的工作；各省市需要尽快出台2030年碳排放达峰的相关政策和落实政策的相关行动计划；在后续的工作中，要不断根据实际情况完善对应政策和调整行动路线

（续）

时 间	文 件
2021.4.26	中共中央办公厅、国务院办公厅发布《关于建立健全生态产品价值实现机制的意见》指出：应当健全和完善碳排放相关的交易机制，逐步探索和发展碳汇股权交易的前期试点工作
2021.5.26	全国"碳达峰、碳中和"领导小组在第一次全体会议中指出：以顶层设计为引导，完善"碳达峰、碳中和"具体行动路线图，同时，对一些重点行业、重点企业做出了设定对应目标，制定具体行动计划的引导。对各地政府在相关政策的制定和落实上也做出了敦促要求
2021.7.15	国家发展和改革委员会发布了《国家发展和改革委员会、国家能源局关于加快发展新能源储存的指导意见》，旨在实现"碳峰值、碳中和"目标，促进新能源储存的快速发展
2021.9.12	中共中央办公厅、国务院办公厅发布了《关于深化生态保护补偿制度改革的意见》指出：在碳汇市场自由交易机制上，进一步推进碳排放的抵消机制，将碳交易引进林业、可再生能源和甲烷利用等领域的温室气体自愿减排项目。这些领域具有生态和社会等多种效益，进入全国碳排放交易市场有利于健全全国的减排交易机制
2021.10.10	中共中央、国务院发布的《国家标准化发展纲要》，规范了"碳达峰、碳中和"的实现标准
2021.10.21	中共中央办公厅、国务院办公厅发布《关于推进城乡建设绿色发展的意见》明确指出：坚持对生态的优先、保护的优先，坚持落实制度理念，不断协调发展与安全。同时，在推进物质文明的建设过程中，也要推进生态文明的建设，积极落实"碳达峰、碳中和"的相关任务

国家在政策演进的初始阶段，主要通过政府部门干预，以政策和市场协同发展，充分挖掘国内低碳发展潜力，以强有力政策实施的同时推进国家整体低碳绿色转型，而在"碳达峰"政策的完善阶段，国家基于产业发展、技术创新、全民行动等多方合作，实现政策有效保障国家宏观发展目标的实现。

2）中国碳达峰政策完善阶段

《方案》是聚焦"碳达峰"目标实现下与《意见》有机的协同，为"碳达峰"工作做出了明确详细的方案设计，在《方案》出台前后，关于"碳达峰"政策不断地出台，是"碳达峰"政策完善的表现。

2021年10月26日，《方案》发布了主要目标："十四五"期间，对产业结构需要加快升级转化，对能源结构不断地调整优化，大幅度提升重点行业对于能源的利用效率，并严格把控煤炭消费的继续增长，加大对新电力系统基础建设的投入，加快对绿色低碳技术的研发、推广应用，力争尽快取得新的进展，引导企业尽快采用最新的环保技术更新生产线走向绿色生产的道路，鼓励公众积极体验绿色出行、积极参与绿色生活，让每一个企业每一个人都积极参与到绿色低碳的社会发展中来，共同构建高质量发展的政策体系，确保按照计划完成"碳达峰"

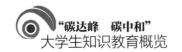

任务。"十五五"期间对产业结构进行重大调整，初步建立清洁低碳高效的能源体系，确保顺利实现"碳达峰"目标。同时，《方案》还指出了"碳达峰十大行动"。

【行动一】能源绿色低碳转型行动。其具体措施包括限制对耗能高、产能低企业的供能总量，倒逼企业进行能耗结构改变、减少对传统能源的消费并不断转换现有能源结构；积极鼓励投资建设新能源基础设施，根据各地实际情况在有条件的地区开发水电，稳步推进对核电的开发；通过宏观政策以及市场机制对油气消费进行调整，加快推进新型电力系统的投资建设，减少传统能源在新型供电系统中的消耗比例，增加对新能源的消耗比重。

【行动二】节能降碳增效行动。其具体措施包括不断提高在能源消费过程中的能源利用效率，减少能源消耗；规划布局节能减碳的一些重点工程，对高能耗的重型设备更新升级、节能增效，增加一些新型的基础设施建设。达到节能降碳。

【行动三】工业领域碳达峰行动。其具体措施包括不断引导和鼓励工业领域逐步转向绿色低碳发展道路；对钢铁行业严格执行"碳达峰"相关政策；对有色金属行业加快落实"碳达峰"相关措施；对建材行业、石化行业耗能较高排放较高的项目进行严格审核、审批和建设。

【行动四】城乡发展"碳达峰"行动。其具体措施包括城乡建设采用更加科学的规划，打造新的城乡群落，集中供能减少碳排放，鼓励城乡建设多采用绿色建筑材料，引导其向低碳绿色方向转型。

【行动五】交通运输绿色低碳行动。其具体措施包括不断改进运输工具以及装备向低碳化、绿色化转型；打造绿色低碳的全国交通运输体系；加大对绿色交通的基础设施建设的投入。

【行动六】循环经济助力降碳行动。其具体措施包括积极规划和构建产业园区低碳绿色的循环发展体系；加强回收和利用大宗固体废弃物。

【行动七】绿色低碳科技创新行动。其具体措施包括不断构建创新体制和完善相对应的创新机制、提升创新能力建设和注重创新人才的培养、加强对应用学科的基础性研究、加大对先进实用技术的研发投入以及应用推广。

【行动八】碳汇能力巩固提升行动。其具体措施包括出台相关的自然保护法、林业保护法等法制法规，加强对自然生态环境的保护，努力提升森林覆盖率，不断增强大自然的自我调节能力以促进生态系统的碳循环能力。

【行动九】绿色低碳全民行动。其具体行动包括积极推动生态文明宣传教育，支持和鼓励居民生活方式转向绿色低碳化，敦促企业社会责任的履行、强化，对各岗位领导干部进行"碳达峰、碳中和"知识培训。

【行动十】各地区梯次有序"碳达峰"行动。其具体措施包括结合顶层设计以及当地实际情况科学合理制定"碳达峰"路线、各个地方根据实际情况制定适宜的绿色低碳发展计划、结合顶层设计大方向制定行动细则、积极开展有条件地区的先达峰试点建设工作。

以上十大行动从各个方面为"碳达峰"目标的实现规划了详细的路径，使"碳达峰"实现路径更加清晰（图 3-18）。

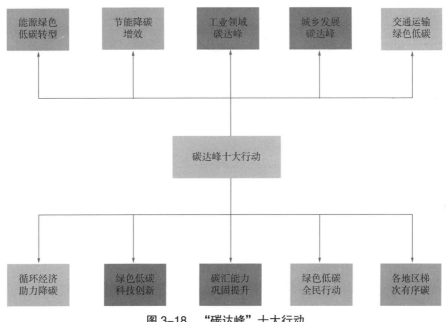

图 3-18　"碳达峰"十大行动

2021 年 10 月 27 日，国务院新闻办公室发布《中国应对气候变化的政策和行动白皮书》。中国作为联合国安理会常任理事国之一，在承担国际社会责任上时刻以身作则，在克服经济和社会困难条件下，实施一系列应对气候变化的战略、措施和行动，积极主动地参与全球气候治理工作，努力在全球减排降碳领域承担起作为一个大国应有的担当和责任。

2021 年 10 月 28 日，生态环境部发布《关于在产业园区规划环评中开展碳排放评价试点的通知》，该通知指出各地应当积极调动当地各个产业园区参加环

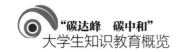

评规划，并且制定专门的环评计划，提高环评效率，确保在产业园区中顺利开展碳排放相关的评价试点工作。

2021年10月30日，习近平主席在二十国集团领导人第十六次峰会第一阶段会议上发表重要讲话，表示中国作为联合国安理会常任理事国之一，积极鼓励和引导社会经济向绿色经济转型，在应对全球气候变化上不断提高行动力度。中国将力争到2030年达到碳峰值，到2060年实现"碳中和"。

2. 中国"碳中和"政策演变

2020年9月，习近平总书记在第七十五届联合国大会一般性辩论上正式提出力争2060年前实现"碳中和"的愿景发展目标，"碳中和"是实现美丽中国，落实生态文明建设的主路线和重要抓手，我国向全世界作出庄严承诺，这也是我国大国责任的体现。自"碳中和"目标提出以来，国家在战略部署、制度安排、体系构建、产业发展等诸多方面出台重要指导性文件，同时，向有关企业和个人解读典型案例，本书基于文件梳理国内"碳中和"政策演进，我国战略安排结合长期和短期规划划分为"三步走"路线（具体时间点如图3-19）。

实现"碳中和"目标（2045—2060年）
第Ⅲ阶段

碳排放量迅速下降（2030—2045年）
第Ⅱ阶段

实现"碳达峰"目标（2020至2030年）
第Ⅰ阶段

图3-19　碳中和政策演变路线图

第Ⅰ阶段（2020至2030年）：此时间段是全力推动实现"碳达峰"。具体来说，工业等重大排放行业实现脱碳化处理，大力发展脱碳技术和碳封存技术，保障重大排放行业产业发展的同时实现减排增效；电力能源部门注重能源利用效率的提升，推进新能源应用，实现传统煤炭能源的部分取代，大力发展清洁能源，以风能发电、水力发电、核电、光伏产业代替高污高排的煤炭发电；交通运输行业重视新能源汽车开发，发展配套设置中的充电桩、充气桩，实现产业系统化；建筑行业注重低碳建材创新，大力发展碳封存、捕获技术，以技术支撑低碳绿色转型。

第Ⅱ阶段（2030—2045年）：实现碳排量迅速下降。实现可再生能源的大规模投入使用，在道路交通方面实现全面电力化，推广碳捕获、利用与封存技术，完成第一产业减排改造；建设产业集群，以部分新能源转型产业带动全产业链低碳绿色发展，在传统碳封存碳捕获技术发展的基础上实现创新，大力发展物理吸碳、生物吸碳和化学吸碳，多层次多角度推广绿色节能技术。

第Ⅲ阶段（2045—2060年）：实现"碳中和"，在此基础上保持国家产业低碳绿色循环发展。在工业、交通、电力等领域完成清洁能源转型，可再生能源、氢能等相关技术实现商业化，在原有低碳技术发展的基础上实现低碳发展、节能减排技术创新产业化和集群化，在全国范围内实现并保持 CO_2 排放的稳定下滑。另外，在技术和政策发展逐步成熟的基础上，各省份因地制宜，以国家政策为指导，分行业、分部门制定切实可行的行动方案和指南。

国家"碳中和"战略目标的有效落实需要各部门、各行业的配合行动，从国家层面到省级、县域部门。本书基于关键时间点和政策覆盖面，将其归纳为国家重大战略部署、社会制度规章构建、市场体系规章构架、地区规划指南方案四个层次，以下从政策本身和政策实施意义做回顾。图3-20为"碳中和"政策演进图。

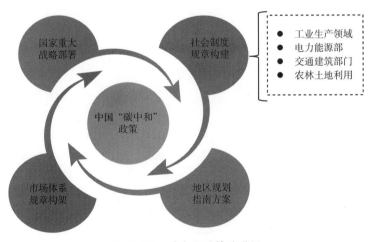

图3-20　碳中和政策演进图

1）中国"碳中和"政策——国家重大战略部署

中国"碳中和"政策中的国家重大战略部署具有指引作用，战略实施和指导意见从源头治理、系统规划、整体保障中发挥着至关重要的作用，同时，国家重大战略部署也为微观层面社会制度构建、区域构建以及地区指南的制定奠定基础，本书基于重要文件和时间路线图做以下文件回顾。

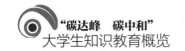

2021 年 3 月，《2021 年政府工作报告》明确要扎扎实实地做好"碳达峰、碳中和"的工作任务。积极推出碳排放峰值的行动计划。限制高耗能企业的供能总量，倒逼整个行业内的企业进行生产技术提升，提高企业生产的能效转化比，淘汰行业内某些耗能较高、产能较低的企业。不断研究煤炭分解技术、提高煤炭的利用效率。加大对新能源的部署和投入，在发展水电、风电、光电等新能源的同时深入研究和掌握核裂变技术，安全地开展核电实验，加大对核电的研发投入以及基础设施建设，稳步推进核电的发展。

2021 年 3 月，《中华人民共和国国民经济和社会发展第十四个五年规划和 2035 年远景目标纲要》中，提出了 2030 年前实现"碳达峰"目标的顶层规划，同时，锚定了在 2060 年前实现"碳中和"的远大目标。更加合理地配置能源资源、大幅提高能源的利用效率。

2021 年 7 月，国家发展和改革委员会发布了《"十四五"循环经济发展规划》推动循环经济发展，构建绿色低碳循环经济体系，帮助实现"碳达峰、碳中和"目标。同月，《国家发展改革委 国家能源局关于加快推动新型储能发展的指导意见》的发布，推动"碳达峰、碳中和"的实现，促进新能源储存的快速发展。

2021 年 10 月 24 日，《意见》的出台进一步完善了"碳中和"政策体系，从顶层设计明确了实现"碳中和"的目标。《意见》作为"碳达峰、碳中和""1+N"政策体系中的"1"，对"碳达峰、碳中和"的主要工作进行了系统规划和统筹部署，同时，指出，"碳达峰、碳中和"大致分为三个阶段。

第一个阶段：到 2025 年，整个社会转向高质量发展阶段，绿色低碳的经济体系初步形成，各行各业开始健康发展，加快能源行业提升，利用更加先进的生产技术提高企业的能效转化比。对 2025 年的单位能耗、碳排放总量、清洁能源消费比重、森林覆盖率和森林蓄积量目标进行了规划。

第二个阶段：到 2030 年，整个社会的经济体系在全面绿色转型中取得显著的效果，对于耗能高的行业升级改造完成，使其能源利用效率能够与国际上的先进水平看齐。单位国内生产总值，相较之前的能源消耗显著下降；相较于 2005 年，在单位国内生产总值中所排放的 CO_2 总量下降 65% 以上；除了化石能源外，其他清洁能源的比重，达到总能耗占比的 25% 左右。其中风力发电以及光伏发电的总装机容量，达到 12 亿千瓦以上。森林覆盖面积全面提升，覆盖率达到 25% 以上，森林总蓄积量达到 190 亿立方米左右。全国 CO_2 的排放总量，出现峰值并且逐步开始降低。

第三个阶段：到 2060 年，社会绿色低碳经济体系全面建成。同时，实现清洁、低碳、安全、高效的能源体系，能源利用实现效率最大化并且达到国际上最先进的水平。除化石能源外，对于其他清洁能源的消费比重达到总占比的 80% 以上，高质量完成"碳中和"目标。对于社会生态文明建设，达到预期成效，真正实现人与自然和谐共处的新境界。

2）中国"碳中和"政策——社会制度规章构建

社会制度规章构建中涉及绿色产业、绿色技术、信息技术方面，具体来说包含工业生产领域、电力能源、交通建筑、农林土地等基础设施构建，本书结合行业 CO_2 排放情况，重点梳理以下重点领域政策文件。

2020 年 12 月，《新时代的中国能源发展白皮书》发布，明确表示中国要更好地为建设美丽健康的中国服务，更好地推动建设清洁美好的世界。提出新时期中国能源发展，实施"四个革命、一个合作"的新能源安全战略。新能源的安全战略给予能源结构优化政策保障，推动"碳中和"目标的实现。

2021 年 1 月，《绿色建筑标志管理办法》颁布，明确了绿色建筑标志应与住房和城乡建设相统一，并对绿色建筑标志的申请审查程序和标志管理做出了相应规定。

2021 年 3 月，国家电网制定出了"碳达峰、碳中和"的目标计划。在国家的第十四个五年计划间，提升输电能力 5600 万千瓦，并且采用高压直流输电。到 2025 年，将清洁能源的输电占比提升到总输电量的 50%，电网跨省、跨地区的输电能力，上升到 3 亿千瓦。

2021 年 3 月，发布《关于加强县城绿色低碳建设意见（征求意见稿）》，意见指出，大力发展现成绿色建筑和建筑节能。不断提高新建筑中绿色建筑的比例。推进老旧小区节能改造和功能升级。积极研发和应用绿色建筑材料，绿色建筑作为节能减排的重要方式，其重要性进一步提升。

2021 年 3 月，国家电网制定了《碳达峰和碳中和行动计划》，计划在"十四五"期间，国家电网将加大提升新的清洁能源在跨区域输电的新渠道。"十四五"期间，国家电网将加大建设投入，再新增加 7 个新的特高压直流输电线路，输电能力将比原来增加 5600 万千瓦。到 2025 年，电网采用清洁能源发电输电的占比，将达到整个能源发电输电占比的 50% 以上，电网对于跨省、跨地区输电能力更加提升，总的输电量将达到 3 亿千瓦左右。

2021 年 10 月，国家发展改革委等部门联合发布《关于严格能效约束推动重

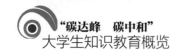

点领域节能降碳的若干意见》中，明确提出要针对一些重点行业、重点企业，比如冶金、石化、建材、化工等行业，促进其改造升级，优化产业结构，降低能源消耗总量，对其严格地执行能效约束，减少碳排放。

3）中国"碳中和"政策——市场体系规章构架

实现"碳达峰、碳中和"，是一项多维度、立体化、系统化的工程，涉及经济社会发展的各个方面。《意见》中明确指出中国实现"碳达峰、碳中和"包含十个方面的内容：①推进经济社会发展全面绿色转型；②深度调整产业结构；③加快构建清洁低碳安全高效能源体系；④加快推进低碳交通；⑤提升城乡建设绿色低碳发展质量；⑥加强绿色低碳重大科技攻关和推广应用；⑦持续巩固提升碳汇能力；⑧提高对外开放绿色低碳发展水平；⑨健全法律法规标准和统计监测体系；⑩完善政策机制。实现领域低碳发展，以市场化、社会化、多元化手段保障至关重要。

2021年10月，生态环境部发布《关于做好全国碳排放交易市场数据质量监督管理工作的通知》，要求企业尽快开展数据质量自查以及企业碳排放数据的审查。各个地方的生态环境局，要尽快组织开展本行政区域内重点行业排放检测报告、核查报告的全面抽查，严格落实数据质量的监督工作。

2021年10月，生态环境部印发《关于在产业园区规划环评中开展碳排放评价试点的通知》，为了充分发挥规划环评的效率，决定在规划环评中，选择出一些满足条件的工业园区，率先开展碳排放的相关评价试点工作。

2021年1月，《碳排放交易管理办法（试行）》正式颁布，该管理办法的出台意味着在碳汇市场的一切交易以及从事碳排放相关工作都将有法可依，其中包含碳排放交易、对企业个人的碳排放额度分配、支付方式、碳排放总量检测报告以及申请核查通道等。

2021年5月，生态环境部发布了《碳排放权登记管理办法（试行）》《碳排放权交易管理办法（试行）》《碳排放权结算管理办法（试行）》。这一系列的管理办法规范了碳排放权的相关标准。同时。发布《关于加强高耗能、高排放建设项目生态环境源头防控的指导意见》，对高耗能、高排放项目盲目发展进行坚决遏制，促进"两高"产业污染与碳减排的协调控制。

2021年7月，生态环境部发布《关于开展重点行业建设项目碳排放环境影响评价试点的通知》，为了更好落实和贯彻碳排放工作，更好地了解碳排放对环境变化的影响，要求全国各地积极响应，积极组织当前在生产过程中碳排放相对较多行业的相关负责人，让他们全程共同参与到整个评价试点工作中来，了解碳排放对环境实际的影响，从而提升企业在减排方面的意识，对自身企业碳排放评价管理工作进行全面改进。

2021年9月，国家发改委发布《完善能源消费强度和总量双重控制方案》，加快推进能源消费强度控制方案的完善以及加强对能源消费的总量控制体系的完善，助力"碳达峰、碳中和"目标的实现。

4）中国"碳中和"政策——地区规划指南方案

上述文件回顾中对各部委、各领域与"碳中和"相关的政策做了梳理，各地方政府在中央文件的指导下出台了符合区域发展的政策。地方政府在"十四五"规划与2021年重点工作中制定了具体的减排措施，本书对我国各省份颁布的文件做了以下梳理，见表3-4。

表3-4 部分省市"碳达峰、碳中和"行动政策

地区	"十四五"规划发展目标与规划	2021年重点工作任务
北京	在碳排放方面，要做出降碳示范，要坚定不移地走好稳迈向"碳中和"的步子	北京市在2021年，发布了实施"碳中和"的时间表、路线图。计划本市在实现"碳达峰"后稳中有降，争取率先宣布"碳达峰"。出台了应对气候变化的中长期战略规划
天津	重点工作放在生态环境保护上，强化对生态环境的治理，并且逐步完善和健全相对应的生态环境保护机制	制定了针对本市能源结构、产业结构升级改造的方案。促进钢铁产业等一些重点行业尽快实施"碳达峰"行动计划，争取早日完成达峰任务。同时，完善能源的双控制度
河北	制定了分步走战略，根据本省各个市县的发展情况，提出让有条件的市县率先完成"碳达峰"任务。同时，推动大规模的绿化建设，以及针对自然保护地的体系建设	继续完善能源消费中对总量和强度的"双减政策"，针对重点行业改造升级，降低碳排放，加快推进碳汇交易的建设，加快部署清洁能源，比如风能、光伏等
上海	提出生态优先、绿色发展的目标，加大对本市环境的治理。加快推进绿色惠民工程的建设，让城市发展更加绿色健康	继续开启第8轮针对环境保护的三年计划，针对重点行业排污进行更有力的监督。同时，加快全国碳汇交易市场的建立
云南	采取一切有效手段降低污染排放，增加森林面积，积极参与全国碳汇市场的构建，科学规划"碳达峰、碳中和"实现相关政策	按照计划加快对国家大型水电站基地建设，在确保质量的情况下，争取提前建成。同时，加快推进800万千瓦风力发电与300万千瓦光伏发电项目的建设。继续探索和培养氢能以及储能产业
四川	制定并完善相关政策，确保能源总量的消耗与碳排放的总量，达到国家下达的减排任务和目标。继续提升森林覆盖率，继续保持粮食产量的稳定增长，确保安全有保障的发展	制定碳排放以及"碳达峰"的具体行动方案，继续推动和完善碳交易权的相关细则，鼓励能用权与碳排放权的交易。加大能源消耗和总强度的"双控"政策落实。积极提倡绿色出行，光盘行动等行为

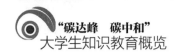

（续）

地区	"十四五"规划发展目标与规划	2021年重点工作任务
广东	结合本省实际产业类型，打造高端产业聚集、科技产业创新园区示范基地。同时，实现内外循环衔接地，争取率先实现产业升级改造，探索发展新格局的有效途径	贯彻落实国家对"碳达峰、碳中和"的一系列政策和方针，在确保产业升级的同时分区域逐步实现"碳达峰、碳中和"，继续推动和鼓励生化碳交易试点的进行。加快优化本省能源结构，提升清洁能源的占比。制定能源预算机制，严格限制和管控高耗能项目的实施
海南	继续提升本省清洁能源、节能环保、高端食品加工三个优势产业，同时带动和帮助其他相关产业的结构升级以及能耗优化	结合本省实际研究和制定出"碳达峰、碳中和"行动方案，不断提升新能源在总装机中的比重，减少对传统能源的依赖，争取实现分布式电源总发电量全部消纳
湖北	推进全省产业发展新布局，努力打造"一主引领，两翼驱动，全域协同"的区域格局。加快促进企业转型升级，构建新兴产业引领，实现先进制造业为主导，现代化服务业为驱动的城市体系	提出"碳达峰"的具体实施方案，首先建设一批近零碳排放的先行示范区域。加快推进全国碳排放核算机制的建立和完善。大力倡导绿色出行、绿色建筑、绿色产品、绿色园区等的建设
湖南	加快调整能源结构调整与推进产业结构的升级重组。加快建设低碳绿色的可持续发展的新型经济体	推进产业绿色化升级，发展绿色制造业、环境保护治理行业。同时，对钢铁、建材、电镀等重点行业重点关注，敦促其完成产业的升级改造

四　中国"碳达峰、碳中和"目标及影响

随着科学界对全球气候变化的不断研究和记录，可以越来越肯定，在人类生产、生活的各种各样活动中，过多的碳排放是造成全球变暖的首要因素。为了应对这种变化，预防气候变化所带来的危害，经过五次重要的气候变化国际谈判，世界各国开始意识到减少碳排放的重要性，越来越多的国家开始参与到减少碳排放的目标与工作中来。每个国家根据自身实际的发展需求，规划出了"碳达峰、碳中和"的实现路线，制定出具体的完成目标的时间节点。

中国不仅是全球第一人口大国，同时，也是世界上最大的发展中国家。因此，中国承担着更加沉重的减排任务。早在 2014 年，习近平主席就表明，中国走的是一条可持续发展的道路，应对气候变化就是这条道路中内在的要求之一。在 2020 年，习近平总书记正式向世界宣布了中国的"碳达峰"目标以及"碳中和"愿景。

中国向世界做出庄严承诺在 2030 年前完成碳排放达到顶峰的目标，随后开始逐渐稳步下降，并且在成功实现达峰任务后再规划 30 年，即 2030—2060 年，在这短短的 30 年内，中国将完成"碳中和"的目标。中国在减碳的规划上是全世界用时最短、力度最大，并且超过了许多发达国家。但这个目标不是轻而易举就能实现的，"实现碳达峰、碳中和是一场广泛而深刻的经济社会系统性变革"。正是因为这次变革的系统性，因此"碳达峰、碳中和"更加需要顶层设计的宏观规划予以指导。为确保"3060 双碳"目标顺利实现，在 2021 年 10 月，随着《意见》以及《方案》的正式颁布，中国"双碳"战略顶层设计正式落地。两者一起构建出了"1+N"的政策体系，"1"要发挥统领整个规划的作用，"N"表示针对 10 个大的方面提出了 31 项重点需要完成的任务。中国采取了强有力的政策和措施来不断提高对全球气候变化的自主贡献力度。"碳达峰、碳中和"的目标非常艰巨，其目标的实现关乎全行业共同努力，需要全行业做出深刻的变革。因此，中国"碳达峰、碳中和"目标的实现对于全行业的影响都是非常深远的。

（一）中国"碳达峰、碳中和"目标诠释

习近平主席在第七十五届联合国大会一般性辩论上向全世界表示：我国将采

取更加有力的政策和措施，并承诺中国力争于 2030 年前碳排放达到峰值，2030 年单位国内生产总值 CO_2 排放将比 2005 年下降 60%~65%，2060 年前实现"碳中和"的宏远目标。中国实现"碳达峰、碳中和"是一场广泛而深刻的经济社会系统性变革"，"碳达峰、碳中和"在我国"十四五"规划期间乃至更长时间内是我国的重要政策导向。

进入 21 世纪以来，根据对全球碳排放的统计和分析，发现碳排放总量增加的速度和幅度都非常大。据统计，在 2000—2019 年，全球范围内 CO_2 的排放总量较之前增加了 40%。在英国石油公司发布的《世界能源统计年鉴》（第 70 版）显示，从 2013 年开始，全球范围内的碳排放的整个趋势都是处于持续增长的态势。并且在 2019 年，全球范围内碳排放总量达到了历史最高点，一共产生了 343.6 亿吨的排放总量。到 2020 年，由于全世界爆发新型冠状病毒肺炎，世界各国为了应对本国的新冠疫情，限制了许多工厂开展生产作业，要求疫情严重的地区居家办公，因此，全球的碳排放总量有所减少，总的碳排放量同之前相比下降到了 322.8 亿吨，比 2019 年同期下降了 6.3%。

近 20 年来，全球气候变暖不断加剧，气温不断升高导致南极冰川加速融化、海平面持续上升、连续强降雨、雾霾污染等全球性问题逐渐增多。这充分表明过多的碳排放，破坏了自然的碳循环平衡，造成了温室效应。从这些亟待解决的问题可以看出人类活动造成的气候变化正在无时无刻影响着人类的生存，人类必须开始重视这些问题，积极性行动起来，采取相对应的措施和行动已经刻不容缓。全球气候变化问题逐渐成为世界各国关注的焦点，影响全球气候变化的主要因素就是碳排放量，因此，碳排放量开始受到国内外专家学者和政治家的重视，随着"碳达峰、碳中和"等相关概念的提出，世界各国纷纷开始制定出适应本国基本国情的相关碳排放计划并且逐步开展实施。

中国在明确"碳达峰、碳中和"的目标以后，自主加强了在降碳方面的行动：从顶层设计到底层实现，全国统一部署，构建出"1+N"政策体系；明确各阶段的工作目标，突破重点从而带动整体推进；确保有序安全减排降碳，防止企业升级转型后出现风险。

采取降碳政策、行动以来，我国有了一些新变化：2021 年以来，许多大宗商品的价格集体出现上涨，某些地区因缺少煤炭导致局部停电的情况出现；强化能源消耗的强度控制和消费总量的控制，限制传统能源的消费比例，大力鼓励和支持各地方政府加大对新能源的投资和建设，提高了新能源在能源总量中的占比；

约束收紧对高耗能高排放企业的项目建设和批复，倒逼行业淘汰或并购重组高能耗且产能低的落后产业，积极鼓励对新兴产业的引入和投资建设；引导城乡建设向绿色低碳的方向发展，给城乡建筑群设定用能目标，提升建筑设计质量；提高新能源汽车在汽车总量中的占比，加快发展多式联运的交通工具，铁路、水路等，加大绿色基础设施建设投入。

以上这些强有力的政策和措施是推动中国转向高质量发展、建设生态文明、维护国家能源安全、构建人类命运共同体的重要保证。"碳达峰、碳中和，中国在行动"，中国将为改善全球气候变化做出自己的卓越贡献。

1. 2030 年"碳达峰"目标诠释

"碳达峰"的含义是在给定的一段时间内，一切社会活动所排放的 CO_2 总量到达了一个历史最高点，然后逐渐回落减少。

"碳中和"进程是建立在碳排放达到峰值的前提下的，"碳达峰"所消耗的时间、峰值高低将会直接影响"碳中和"所需要的时间以及实现"碳中和"的难度。

世界资源研究所研究表示，碳排放达到峰值的含义不是指一个瞬时值而是表示一个过程。在这个过程中，碳排放的趋势出现先逐渐升高然后趋于平坦，在趋于平坦时碳排放不断波动，然后逐步开始呈现出稳定下降的趋势。"碳达峰"是经济转向高质量发展时的碳排放量峰值，是优化产业结构升级和生产技术提升导致的碳排放量逐渐开始降低的"达峰"，不是攀高峰，更不是冲高峰，而是为最终实现"碳中和"目标的达峰。"碳达峰"过程是碳排放量从之前一直增加到开始逐步减少的历史转折点，意味着其开始与经济发展脱钩。

"碳达峰"包含两个部分：一是时间；二是峰值。在联合国政府间气候变化专门委员会发布的第四次评估报告中，将碳排放所达到的顶峰值定义为"在排放量降低之前达到的最高值"。目前，世界经济合作与发展组织（OECD）的数据统计表明：1990 年，有 18 个国家的碳排放量达到峰值；2000 年，增加到 31 个；2010 年，增加到 50 个；到 2020 年，达到 54 个。

中国要实现"碳达峰"目标，需要加大减污降碳力度，在提升能源安全、产业链供应安全、粮食安全确保群众正常生活的基础上，贯彻 2030 年应对全球气候变化国家出台的相关政策和落实相关行动措施。

《方案》中明确的"碳达峰"目标任务如下：

（1）在"十四五"期间，加快优化升级各种产业链结构、加大调整升级整个能源行业结构，努力研究和革新先进技术，不断提升一些重点行业中的能源利用效率；减少煤炭消费需求量且严格控制煤炭出售量，各地根据当地的实际情况部署新能源电力系统，加快投资建设风能发电、水能发电、光伏发电等清洁能源基础设施。不断提升清洁能源发电在整个能源发电体系中的比例，降低煤炭发电等传统能源发电占比；促进绿色低碳技术研发并应用到实际生产、生活中去，引导和鼓励居民积极参与绿色出行、绿色消费的健康生活方式，共同建设具有中国社会主义特色的可持续发展道路；构建绿色低碳可循环的内在政策体系。到 2025 年，中国清洁能源消费总量在总能源消费总量中占比达到 20% 左右，单位国内生产总值中能源消耗总量较 2020 年下降 13.5%，单位国内生产总值内所产生的碳排放的总量较 2020 年下降 18%。

（2）"十五五"期间，要求在优化升级产业链结构方面取得阶段性的发展，即初步建立起风能发电、水能发电、光伏发电等新能源发电的结构体系；对于一些高排放重点领域已经基本开启低碳发展的健康模式；对于一些高耗能的重点行业已经实现核心技术的全面升级和更新，使得这些行业在能源利用效率上可以达到当前国际先进水平；对于风能、水能、光伏等这些清洁能源的消费，在整个能源消费中的比例更进一步提升，煤炭需求量逐渐减少并且煤炭的消费总量大幅度降低；实现绿色低碳技术上的研究突破并将成果应用到社会生产和居民生活中的方方面面，让公众在日常生活中感受到身处绿色生活中的便捷和安全，影响越来越多的人愿意参与和加入绿色社会活动，基本实践出可持续发展的道路，逐步健全和完善绿色低碳循环的内在政策体系；到 2030 年，清洁能源消费总量在总能源消费总量的占比达到 25% 以上，单位国内生产总值内所产生的碳排放总量较 2005 年下降 65% 以上，从而保质保量地实现 2030 年前的"碳达峰"目标。

（3）《方案》中提到降碳最重要的两个方面就是产业结构和能源结构。未来在优化产业结构降低污染的同时，还需要注重清洁能源的开发与利用，减少使用重污染能源，比如，煤炭等化石能源。作为全球碳排放的主要来源，能源部门是应对世界气候挑战的关键。双管齐下，将碳排放逐步降低，尽快达到碳排放拐点。

为了如期实现"碳达峰"目标，各省份根据当地实际各自制定出"碳达峰"的具体时间表。上海市制定出力争到 2025 年时实现达峰的行动计划，深圳市不仅提出了到 2025 年前后完成达峰任务，同时，还提出要率先在珠三角城市中完成达峰任务。值得一提的是，首都北京早就在 2012 年就实现了碳排放达到峰值。

根据相关评估机构报告显示，自 2013 年以来，特别是 2014—2015 年，北京市不断研究制定适应本地发展的各种政策，不断推进各种行动措施的落地实现，促使碳排放总量相较之前出现了较大幅度减少，率先实现了碳排放量达峰的目标。总之，各省份则应该根据本省经济结构与地理特点，制定出适合自身实现"碳达峰"目标的相应政策和举措，在国家内部形成良性竞争，争取早日实现"碳达峰"目标。

2. 2060 年"碳中和"目标诠释

增加森林覆盖率、限制能源消费量、提高能源转换效率、倡导绿色生产与绿色生活方式以实现 CO_2 相对"零排放"，即"碳中和"。本质上"碳达峰"和"碳中和"这两个概念都是为了建立起人与自然的和谐共处提出来的。"碳达峰"侧重于产业结构与能源优化，而"碳中和"则侧重于碳排放的抵消。

工业革命之后，劳动生产率得到了极大提高，但由于煤、石油、天然气等化石能源的大量使用，严重的环境和气候变化问题日益突出，全球减碳是一场突破性的具有深远意义的绿色变革。如果说"碳达峰"是"量变"，那么"碳中和"则是"质变"。"碳中和"的实现将会引领开启一个崭新的零碳产业新格局，面向"碳中和"所带来的这种质变不仅解决了能源碳排放高的问题，而且解决了绿色可持续发展内在的一个全局性、系统性问题。在"碳中和"实现的过程中将会产生巨大推动力，淘汰掉所有能耗高、产量低的企业，进一步提升具有技术累计企业的竞争力，使得整个社会经济逐步转向高质量发展的道路，形成绿色健康的产业链。

2021 年，《联合国气候变化框架公约》第 26 次缔约方大会（COP26）召开并达成了相关的气候公约，表明了各国在"碳中和"实现的道路上，还需要付出更多的艰辛。"碳中和"目标就是实现碳零排放的目标。平衡"碳"产生量和清除量的前提是对碳排放进行计算。目前，对碳排放的计算和测量方式主要有三种：排放因子法，根据排放出的各种影响因子来测算碳排放的量；质量平衡法，根据能耗量以及效率比来测算出碳排放的量；实测法，采用相对应的技术手段实地测量和记录碳排放的量。

（二）中国"碳达峰、碳中和"目标影响分析

2020 年，一场席卷全球的新冠肺炎疫情，使得全球各行各业的发展停滞不前，在抗击疫情取得一定成效以后，尽快恢复自身经济与保护生态环境成为各个

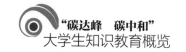
国家当前最急迫的任务。中国作为最大的发展中国家和拥有全世界人口最多的国家，承受着巨大的经济发展和环境保护压力，在努力恢复经济的同时，"碳达峰、碳中和"的步伐也将同步跟进。

2020年12月，习近平主席在气候雄心峰会上提出："到2030年，中国单位国内生产总值CO_2排放将比2005年下降65%以上。"可对比2005年能耗数据，通过倒推方法得出2030年的能耗，大致估计出到2030年中国GDP的增速，得出约108亿吨的排放总量的结论，意味着中国需要将108亿吨的排放量降到为0。在"碳达峰"任务完成以后中国将再规划30年的时间来实现"碳中和"；相比于美国在2007年的时候完成了达峰任务，但是根据美国目前的规划，在实现达峰目标以后，还需要43年才能完成将61亿吨的碳排放总量降到0的任务，并且预计在2050年才能实现"碳中和"；欧盟排放规划将45亿吨碳排放量降到0，预留了有60年左右的时间。"

中国所设定的"3060"伟大目标，不论是从技术革新、社会经济转变，还是生产生活方式的变革，肯定是剧烈的。从目前来看，对于中国所面对的挑战将会非常艰巨。有研究者认为实现这个目标是一个技术性的问题，这样的认知是片面的、不完全的。在实现"碳中和"目标的过程中，不仅仅涉及技术更新，也涉及生产方式、消费方式等的转变。在这个过程中可能会发生非常剧烈的变革，会引致相关制度、相关政策、全国乃至全球的金融市场、自身的金融体系等方面的变革。

"碳达峰、碳中和"的目标任务主要体现在以下方面：①能源方面。调整能源的结构体系、降低化石能源的消耗总量、提高在能源使用时的能耗效率、新能源替代传统型、供电系统升级改革；②行业方面。在工业领域，限制能源供应量，淘汰低产能工业；在建筑领域，打造共享节约型建筑群落；在交通运输领域，打造铁路、水路、公交系统等；③技术方面。努力突破技术瓶颈、研究前沿科技、大力推广新型技术的实践应用、培养创新型人才打造创新实验平台；④金融方面。提高在煤炭消费方面的财政税收、建立碳交易市场、大力倡导绿色金融；⑤生活方面。拒绝铺张浪费、鼓励绿色公共交通出行；⑥碳汇方面。国土规划管控资源开发、减少排碳量、增加固碳、提升碳汇的增量；⑦在国际合作方面。各国携手共同制定统一的规则标准、打造绿色健康的丝绸之路。

2021年10月12日，习近平主席在昆明举行的《生物多样性公约》第十五次缔约方大会上指出，中国将会信守承诺不断推进"碳达峰、碳中和"任务的开展。

同时，将会从顶层出发，设计出针对某些重点领域以及一些重点行业的切实可行的行动政策和具体方案，积极打造出碳达峰、碳中和"1+N"的政策体系，为最终实现这一目标提供一系列强有力的保障措施。中国将会不断地进行产业结构改造升级，不断进行能源结构的转变替换，加大对可再生能源的基础建设投资，充分利用沙漠、戈壁、荒漠等一些特殊的地形，部署大量的风力发电以及光伏发电基础设施建设项目。

完成"碳中和"的目标任务，对于每一个国家来说都是一个难得的机遇，同时，也是一个巨大的挑战。对于中国来说，以此为契机改革并提升大国工业，投资建设新的基础设施，进行从顶层到底层的相关改革以提升整个社会资源的配置效率，这对于促进中国未来国民经济健康持续发展是非常有意义的。

实现"双碳"目标任务的整体路线图如何规划，不单单是依靠政府根据全国这盘大棋而设计出来的顶层设计，最终的实现必须充分发挥出市场这个微观主体的作用。从制度方面分析，将会涉及国家顶层的相关治理制度的改变；从政策方面分析，需要出台相关的政策措施，设计围绕"碳中和"专项的财政税收体系、投资融资体系等；从技术方面分析，社会越来越看重低碳技术、零碳技术、负碳技术等的投入研究，市场将对这些新型技术的需求与日俱增；从产业方面分析，"碳中和"进程将会不断对企业商品的运营模式品牌理念产生深刻的影响，甚至将会打破现有的行业格局，出现新型的行业标准，从而改变企业长远的战略规划、投资部署、人员管理、工艺制程等方面。

中国要达到"碳达峰、碳中和"目标，需要在方方面面做出改变。宏观层面上：第一，确定寻找处于碳汇节点的相关行业。目前，全国各行各业之间发生着错综复杂的价值交易并且形成了一条条完整的产业链，所有的产业链放在一起就形成了一个相互关联的交易网络。通过分解和分析这个交易网，可以沿着某条相关的产业链发现所有处于碳汇节点的行业。这些处于节点的行业，本身就是社会经济体系中的重要支柱，同时与其他行业又相互关联，相互影响。对于这些处于节点的行业进行的产业政策调整、技术革新，对整个社会将会带来很大的影响，从而更大程度地影响碳减排。所以，现在我们在思考未来如何更好推进"碳中和"的时候，可能第一步就是要全面理解并且深入研究和分析出目前哪些行业在国民经济体系里扮演的是碳节点的重点行业。为了社会经济稳定转型，需要对处于特殊节点的行业制定特定政策，扶植其技术升级更新，保证这些重点行业在完成减碳目标的同时平稳健康的持续发展，因为这些节点行业一旦受到影响就会通过交易不断向产业链上下游传递，可能会产生指数级的效应。第二，要改变行为方式。"碳中和"目标的实现不只是宏观概念，也是微观概念，特别需要深入研究怎样才能将个人和企业有序地融入"碳中和"的整个实现过程中。从顶层设计出优秀的参与机制，可以充分地让每个企业、个人及当地的政府自愿的参与进来，并且做出与"碳中和"实现过程相一致的行为。从宏观角度，比如，碳汇市场可以充分利用碳汇机制和碳汇金融，引导股市发行相关债券、募集相关股权融资，通过市场调控作用做出与"碳中和"目标方向对应的资源配置。从微观角度，麻省理工学院的学者 Allcott 做了一个小试验：每个家庭每个月都会收到电力公司寄来上月用电账单，于是与电力公司沟通后决定在每个户主账单里面增加两项额外信息：整个小区的用电量中位数；最近的邻居用电量数额。目的是想测试增加这两个信息后，个人的行为方式会不会随着社会行为之间的对比发生一些变化。结果，额外信息增加后，当地居民逐步开始有意识地节约用电。每个用户在随后的每月用电量基本都减少了 2% 左右，通过计算每个用户节约用电的效果等同于把电价直接提高百分之十几所产生的效果。第三，要制定出碳交易的有效机制。不同的区域会产生不同的碳价，反映出了不同的碳排放权，以及可能会产生对经济生产活动的不同程度影响。

1. 中国"碳达峰、碳中和"目标对重排行业的影响

重排行业是关系到"碳达峰、碳中和"目标实现的重点行业。每年重排行业碳排放占据很大比重，重排行业碳排放控制是实现"碳达峰、碳中和"目标的关键。那么，重排行业主要包括哪些行业呢？根据生态环境部公布的《上市公司环境信息披露指南》，重排行业涵盖了火电、钢铁、水泥、电解铝、煤炭、冶金、化工、石化、建材、造纸、酿造、制药、发酵、纺织、制革和采矿 16 类行业。这些行业对能源消耗都比较高且碳排放、有害物排放都是非常大，在生产各个阶段都可能对环境造成大量的污染。2021 年 7 月，生态环境部发布《关于开展重点行业建设项目碳排放环境影响评价试点的通知》，其中提到试行碳排放环境影响的地点和名单，试点行业主要集中在电力、钢铁、建材、有色、石化、化工以及煤化工等重排行业（表 4-1）。

表 4-1　试点省份和行业名单

试点省份	试点行业
河北省	钢铁
吉林省	电力、化工

（续）

试点省份	试点行业
浙江省	电力、钢铁、建材、有色、石化、化工
山东省	钢铁、化工
广东省	石化
重庆市	电力、钢铁、建材、有色、石化、化工
陕西省	煤化工

在"碳达峰、碳中和"目标背景下，重排行业将受到哪些影响？接下来将从重排行业的产量、竞争格局、生产过程等方面分别阐述"碳达峰、碳中和"目标对重排行业的影响。

1）对重排行业产量的影响

控制重排行业产量是完成"碳达峰"目标最直接的手段。在没有更好的技术或技术不够先进和保证人民正常生活的前提下，通过降低产量或者减缓产量增速是最直接的减碳方法。控制高排放行业产量不仅是控制碳排放的直接途径，同时，还能够督促企业探索出更加清洁的生产方式，优化生产效能，转化能源供给结构。

重排行业中，电力行业既是能源消耗部门，又是能源供给部门，还是最大的碳排放部门。因此，中国在碳减排上首先考虑的是电力行业减碳，要以电力行业为突破口。电力行业的主要污染来源就是化石能源发电，目前我国 67.8% 的发电能源来自火力发电。火力发电基本采用煤炭和天然气两种火力供能方式，其中，煤电产能占比高达 90% 左右，但是目前煤炭利用的能耗转化比不高，同时，还会产生大量的 CO_2 气体。针对目前中国电力系统供应量的逐步宽裕，我国政府开始对火力发电的相关行业进行煤炭能耗限制，促使火电行业调整能源结构，提高能源转换效率。根据《中国电力行业年度发展报告 2021》显示，2020 年，全国单位火电发电量 CO_2 排放约 832 克／千瓦时，比 2005 年下降 20.6%；报告还显示 2006—2020 年，通过发展非化石能源降低供电煤耗等措施，电力行业累计减少 CO_2 排放量约为 185.3 亿吨。其中，供电煤耗降低为电力行业减碳贡献率的 36%。据 2020 和 2021 年中国火力发电量的结构显示，电力行业将煤电量的增速控制在 2% 以内，提高气电量增速，具体数据见表 4-2。由于煤电量在中国电力结构中基量过大，控制煤电产量和优化煤电生产结构仍然是中国电力行业碳减排事业的重点。

表 4-2　2020 年和 2021 年中国火力发电情况

年份	火力发电量（增速）	煤电量（增速）	气电量（增速）
2020	50465 亿千瓦时（+2.5%）	45538 亿千瓦时（+1.6%）	2325 亿千瓦时（+7.9%）
2021	51770 亿千瓦时（+2.6%）	46296 亿千瓦时（+1.7%）	2525 亿千瓦时（+8.6%）

其他重排行业中，包括钢铁行业、建材行业以及石化行业等，控制产量是减少碳排放的直接手段。钢铁行业碳排放量在全国总碳排放量中约占 15%。工信部明确表示，限制我国钢铁的产量是实现"碳达峰、碳中和"目标任务的一个重要手段。水泥行业在生产和制造过程中也会产生大量的碳排放，平均生产每吨水泥将会产生超过 40 千克的 CO_2。只有通过市场机制与减排政策共同作用从而倒逼行业加速去产量，那么水泥产量的控制也会大幅度降低碳排放量。石油化工行业也是一个高耗能、高排放的行业，虽然原油目前仍然是全球一次性能源消费主体，但是全球的石油需求主要是由人口结构和经济增长推动，在发展中国家财富和生活水平不断提高的推动下，世界经济将在未来 30 年继续增长，但增速比过去有所放缓。按照这个趋势，我们可以预测未来石化行业的需求量也将逐渐降低，进而降低产量。

2）对重排行业竞争格局的影响

第一，碳减排约束下，重排行业兼并重组将提速。一方面，各地将根据实际情况出台去低产能、低产能并购重组相关政策与措施。比如，通过科学规划产业园区，将关联产业集中到一起集体供能，从而优化产业布局；另一方面，引导和鼓励行业走高质量发展道路，通过市场机制结合相关政策将产业链中分布较散、体量较小的企业集中整合，按企业绿色健康发展理念，研发先进的工艺流程减排技术，提高产能降低能耗，从源头上实现降低碳排放目标。

第二，利好优质企业竞争。贯彻实施"碳达峰、碳中和"目标，其本质上是通过实现这一目标，倒逼那些高耗能、高排放的重排行业进行产业结构优化以及行业生产技术的研发提升。这将对具有技术积累的优质企业、具有完整产业链的企业，以及一些可以生产出高附加值产品的企业非常利好。

第三，能源行业逐步清洁化。随着清洁能源使用理念的深入，交通运输领域油转电革新，使得目前我国在炼化行业的重点布局，逐步开始从保障化石燃油的供给需求转向研发绿色能源产品，打造炼油特色产品，炼化技术进一步得到提升。并通过宏观和微观调控政策，最终使得行业产能供给侧与需求侧基本达到动态平衡，去除过剩产能。

第四，新型材料行业快速发展。新型化工品和新型材料市场需求将会出现大幅度增长，高端装备制造业、新能源汽车制造业、新型电子信息技术产业、新能源行业、节能环保技术开发行业、生物智能医用业、智能电力电网系统、3D打印技术行业等战略新兴行业将会快速发展，并且将会通过各个产业链不断带动上下游产业，如高性能合成橡胶制造业、工程塑料制造业、可降解材料研究生产行业、电子化学品行业以及高性能膜材料研究行业等新材料行业的持续发展，也促使新材料的研发成为社会热点。

3）对重排行业生产过程的影响

"碳达峰、碳中和"目标对重排行业竞争格局的影响显而易见，行业未来的竞争格局将会以先进的可持续发展理念、节能减排技术、低碳生产工艺、合理能源结构及产能置换等高质量竞争为主导。企业想要获得更强竞争力，就必须优化产业生产过程。CO_2排放主要是来自化石燃料燃烧过程，实现"碳达峰、碳中和"目标的关键就是推进能源结构调整、创新工艺流程以及低碳生产。优化原燃料结构，鼓励企业开展高效生产工艺和技术研究及应用工作，减少高污染原料的使用，增加清洁能源使用。不断加快水力发电、风力发电、光伏发电等清洁能源的部署和投入，提升企业的能源利用技术，减少能源消耗以减少碳排放，限制重点行业的能源供应量倒逼企业进行技术更新和限制产能，组织开展企业清洁生产综合评价活动。积极鼓励绿色生产制造，建立清洁能源利用体系。提升煤炭等传统化石能源清洁高效利用率。加强控制重点领域的能源供给，采用先进技术不断提高传统能源的使用效率。除了生产过程中能源结构优化之外，原材料向多元化方向发展也是有效减少碳排放的方式。由此，各个重排行业生产过程的改进有助于减排任务。首先是不断提升生产技术转向低能耗方向发展，其次是将生产过程用到的能源形式向电力化的方向转换，最后是生产绿色产品减少CO_2的排放。当下，中国需要加快部署水力发电、风力发电、光伏发电以及核能发电等新能源发电，逐步转换能源结构组成，不断提升新能源占比，减少传统能源消耗，从源头上减少电力能源行业的碳排放。

综上可知，在生产过程中优化设备和工艺，进而改善资源利用效率是碳减排的重要措施，也是"碳达峰、碳中和"对重排行业的重要影响之一。

4）对重排行业产业链的影响

"碳达峰、碳中和"目标要求重排行业减少产量，一定程度上会减少对铁矿石和焦炭的需求，加之重排行业为完成碳排放目标而缩减产量，进而影响原燃料

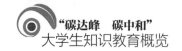
供给;另一方面,碳减排目标的实现过程中可能减少对某些重排行业产品的采购需求,从而间接减少重排原料消耗。对于下游客户,采购高碳产品相当于直接将碳排放量转嫁给下游的产业链。因此,处于上游的重排企业在设计产品时应当秉持绿色可持续发展的生产理念,多考虑绿色产品的生产研发以推动产业链下游企业优质、高强、长寿命、可循环使用绿色低碳产品。

"碳达峰、碳中和"将打开新材料行业长期成长空间。对建材子行业需求端的影响主要集中于新能源和建筑节能领域上游的材料替代。以玻纤为例,作为复合材料的基材,玻纤材料凭借其重量轻、强度高、环保等优势广泛应用于风力发电和汽车轻量化。下游需求与"碳中和"目标高度绑定:在风电方面,我国原有电力结构严重依赖于化石能源,为实现"碳中和"承诺,未来 10 年风电累计新增装机达到 6.45 亿千瓦,复合增速达到 14%,预计 2030 年国内净新增装机是当前的 3 倍以上,玻纤基于风电的需求有望成倍提升;在轻量化方面,我国传统燃油车轻量化进程较海外差距显著,新能源车渗透率提升将带动玻纤需求加速放量。

5)对重排行业运营管理的影响

结合当下出台的对重排行业的限制政策以及市场的优胜劣汰机制,重排行业中那些高产能绿色化的企业将会被推到发展前列,导致重排行业的运营管理将会与当下热门的智能化数字化相结合,打造出新型信息技术与传统行业融合创新,从而实现重排行业走上绿色低碳高质量发展的道路。数字化、智能化设计应用到传统重排行业时,能够提供从工艺流程的自动优化、流水生产线的自动管控、内部供应链的智能管理、机器设备的智能操控、用能的自动检测和调节、HSE 管理等,从而不断提升企业整体动态感知能力、优化企业内部的协同能力、预测生产风险的能力、科学决策的能力,实现企业健康持续发展的长远目标。

运用研发的高新技术布局建设智能化工厂系统工程,实现重排行业生产控制的智能化。目前,传统重排企业的信息管理系统,每天都需要处理大量数据信息,但由于物理设备比较落后和初期规划的不够完善等原因,导致数据信息在采集和存储过程中没有统一的格式规定,无法对实际数据进行大数据分析,这将会限制智能化更新。因此,传统重排企业应当尽早规划和布局最新的传感器等电子设备,构建智能化工厂体系,结合新型设备统一制定采集标准和存储协议,使传统重排企业走智能化转型的道路,以构建智能化基础设施,开展智能化生产活动。

同时，企业需要不断地研究和学习智能化相关先进技术，包括先进的生产工艺流程，先进的超精密测量技术、先进的生产全流程设备控制的物联网技术、先进的多层次建模技术以及对关键流程的仿真技术等，从而实现整个企业的智能化发展。

2. 中国"碳达峰、碳中和"目标对清洁能源行业的影响

"碳达峰、碳中和"战略目标在推进过程中，绿色低碳循环发展和能源清洁高效安全发展至关重要。推动能源结构转型，构建清洁能源体系是实现"碳达峰、碳中和"的关键，三次科技革命中能源的使用分别以化石能源、电力能源和原子能源体现。我国在推动国家低碳能源体系构建，能源结构低碳化转型中出台了一系列政策，向外界传达的信号日渐明朗。近年来，我国在绿色低碳能源技术发展上取得了卓越成效，但是以煤炭为主体的能源需求结构尚未得到完全解决。2021年，中国能耗强度是世界平均水平的1.5倍左右，能源消费过程产生的废气排放高达80%左右，为"碳达峰、碳中和"战略目标推进的巨大阻力。因此，清洁能源行业的发展势在必行。国家出台的系列文件明确指出要着力加强能源消费控制，落实重点行业能源消耗减量化，积极构建能源节约型社会；另外，加强能源体制建设，根据顶层设计方案结合供给侧实际情况，不断完善市场主导的优胜劣汰机制，推进能源体制的深入改革，从而形成健康持续的约束；最后，在国际合作方面，积极开展内部产业链优化升级，充分参与国际化规则和标准的制定，内外兼顾共同为气候变化做出努力。"碳达峰、碳中和"的实施要求对清洁能源发展实属利好消息，行业本身也应以此为契机，实现电力行业发展清洁化、能源转型多元化、交通工业等部门电动化、能源供给氢能化。与此同时，发展碳捕捉技术，实现国家能源整体低碳转型。图4-1展示了政策实施关键时间点。

图 4-1　2020—2060 年我国能源消耗变化走势

中国"碳达峰、碳中和"目标的完成依赖于众多行业和领域的变革，加大对清洁能源的研发投入，实现产业绿色化、产能最大化、排放清洁化的高质量可持续发展的路线是实现"碳达峰、碳中和"的根本路径。如果非化石能源代替所有化石能源，整个社会将实现一定程度 CO_2 减排量。据统计，在过去的 10 年内，

中国火力发电行业基本都淘汰了相对落后的 1.2 亿千瓦装机；并且在过去 15 年内（2005—2020 年），中国总体的碳排放量大幅减少，已经提前完成了 2020 年的降碳计划。根据测算，2020 年，碳排放总量相较于 2005 年同比下降了 48.4% 左右，表示中国按时并且超额完成了到 2020 年下降 40%~45% 的目标承诺。累计减少排放 CO_2 约 58 亿吨。如果全中国都用水力、风力、太阳能发电，高排放行业和电力能源部门就能真正实现"碳达峰、碳中和"。在清洁能源转型发展中，区域经济发展也不容忽视，中国存在着区域发展不均衡问题，同样的减排成本，西部地区会比东部地区的压力大很多，这是因为西部地区的主要产业结构和就业来源是跟火力发电以及煤炭（包括矿石开采等）密切相关的。"碳达峰、碳中和"目标的实现，依赖于能源系统向清洁化、低碳化甚至是无碳化发展的趋势转变，未来必须始终坚持清洁能源、绿色能源发展，太阳能将会成为能源行业的主要能源结构，其次是风能、潮汐能等清洁能源，可再生能源将成为实现"碳达峰、碳中和"目标的第一大贡献力量。除此之外，清洁能源在能源结构中的占比将不断提升，传统能源占比将会持续降低，直到传统能源和清洁能源的动态平衡完全满足"碳中和"大趋势。减少高排能源使用是能源结构优化的主要途径，将高排能源消耗逐步转型为清洁能源消耗，推动绿色低碳技术创新，研究发展可再生能源，是能源行业未来趋势，清洁能源行业发展机遇与挑战并存。

总之，"碳达峰、碳中和"战略目标的实施对于清洁能源部门的影响较大，相关部门和行业应积极作为，在能源结构转型、氢能源发展、能源消费模式转变、技术支撑上投入更多资源，确保"碳达峰、碳中和"战略目标如期达成。

1）对清洁能源产业结构的影响

中国未来经济发展还需要大量能源，但在"碳达峰、碳中和"目标背景下，高排能源将逐步被淘汰或减少利用。目前，中国电力能源主要来自火力发电，而火力发电主要是通过燃烧煤炭产生大量热能，进而将这些热能转化为电能。火力发电会过多消耗煤炭等传统型能源，不仅会加速我国宝贵的一次性能源的枯竭，而且会造成严重的碳排放，影响我国走向高质量健康发展的道路。同时，这些传统能源作为我国战略资源，过多消耗可能会影响我国的战略安全。由于地球上传统化石能源是有限的，加大对清洁能源的开发研究是保证能源持续发展使用的关键，比如，发展核能、太阳能、光伏产业等，我国光伏装机预测量和核电装机容量预测值具体如图 4-2 和图 4-3 所示。

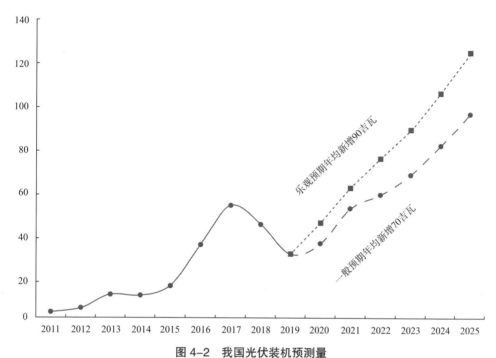

图 4-2 我国光伏装机预测量

数据来源：根据长城证券研究所数据情景预测。

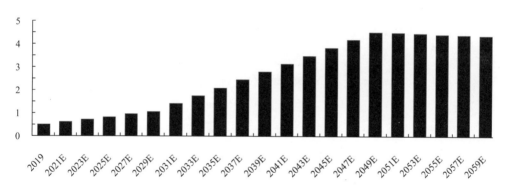

■ 核电装机容量（亿千瓦）

图 4-3 我国核电装机容量预测值

数据来源：根据中国电力企业联合会数据情景预测。

从中国目前能源结构分析，可再生能源利用率不高，占比不到 15%。根据规划：如果要在 2060 年实现"碳中和"，就必须在 2050 年让可再生能源的利用实现 60% 以上的能源结构占比。也就是说未来 30 年，可再生能源占比要增长 45 个百分点，接下来每年需要提高 1.5 个百分点的可再生能源占比。这对于中国目

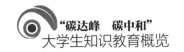

前的能源结构转变是很大的挑战，需要更多的科研投入和技术创新。

2020年12月，生态环境部发布了《碳排放交易管理办法（试行）》，并发布了配额分配方案和重点排放单位名单。据业内估算，全国统一的碳交易市场建立之后，控排企业比试点时期企业数量上升5倍以上，全国碳交易市场配额达100亿吨以上。

目前，中国天然气的生产能力还比较弱、天然气开采、运输等基础设施有限，水能、太阳能和风能的开发和利用又受到技术和成本限制，清洁能源还未被大量开发利用。鉴于此，中国清洁能源行业大有前景，未来将不断增加清洁能源的开发与利用，清洁能源产业结构也将得以不断优化。

2）清洁能源开采技术将大幅提升

在能源技术方面，《意见》和《方案》相继提出，要大力推进绿色低碳科技创新，加强风电、太阳能发电，新型储能、氢能等科技攻关和推广应用，为实现"碳达峰、碳中和"目标提供强力支撑。因为"双碳"目标不是只利用现在的技术就能做到，特别是"碳中和"，一定要靠创新。目前，中国水能、太阳能和风能的开发利用严重受到了技术和成本限制。想要增加清洁能源利用，就需要研发更加科学和经济的开采技术，技术进步将带来成本降低，经济性增长，清洁能源的开采成本降下来是清洁能源行业亟须解决的关键性问题。

3）对清洁能源供需模式、人才需求的影响

首先，在能源供给方面，《意见》和《方案》提出积极发展和利用新能源、水电、核电等非化石能源，加快构建新型电力系统，切实保障国家能源安全；据前文所述"碳达峰、碳中和"对重排行业的影响，未来企业生产方式会发生改变，即优化原燃料结构，开展高效生产工艺、技术研究和应用工作，减少高污染原料使用，增加清洁能源使用率。2021年10月，习近平主席在第二届联合国全球可持续交通大会开幕式上的主旨讲话提出，中国将大力发展新能源汽车，加速对传统燃油汽车的替代，加快构建绿色低碳的公共交通运输网络，加大投资绿色基础设施，积极引导公众购买新能源、智能化、轻量化出行装备，鼓励公众采用公共交通出行，减少私家车的使用，让出行更加低碳、健康。由此可见，交通行业能源需求的转变，会减少化石能源的需求，进而增加对清洁能源的需求。随着相关行业或企业煤炭等化石能源利用的减少，对清洁能源的需求就会不断攀升。需求提高将进一步刺激充足供给，未来清洁能源行业的供需都会大幅度提升。

其次，对清洁能源相关专业人员需求增加，能源技术创新体系构建与完善依赖于相关专业人员。为强化创新在我国现代化建设全局中的核心地位，推动产学研用的有机衔接与深度融合，营造良好科技创新氛围，促进科研成果转化，《意见》和《方案》提出采用"揭榜挂帅"机制，强化企业创新主体地位，坚持"产学研用"相结合，积极建设"碳达峰、碳中和"研究领域的高校重点实验室、省级重点实验室、国家级重点实验室等硬件设施，鼓励高校不断推动新能源专业、储能专业、氢能专业等相关学科队伍的建设，加大培养创新型、研究型人才等。

3. 中国"碳达峰、碳中和"目标对农林行业的影响

1）绿色农业发展潜力巨大

农业虽然不是主要的碳排放源，但确实是非常重要的自然碳汇系统，固碳减排潜力巨大。一种农作物从土壤到餐桌，使用化肥农药、采摘运输等均会产生碳排放，农业也属碳源。为此，农业减排不仅是实现"碳达峰、碳中和"目标的重要技术手段，更有巨大的减排潜力。那么如何尽可能减少农业碳排放就是值得思考的问题。

改革开放 40 年来，中国农业农村经济发展取得巨大成就，在这些成就的背后也付出了巨大的环境和资源代价。在资源约束不断趋紧，人均耕地不断减少，土壤污染点位超标率达 19.4% 的背景下，绿色农业发展的实现必须以绿色发展制度建设和机制创新为保障。虽然在当前的农业生产过程中，只产生较少的温室气体排放，但由于农业排放路径的复杂性使减排任务变得更加困难。主要面临以下两个挑战：一方面，农业生产作业受天气影响较大；另一方面，农业生产作业过程中温室气体产生的途径非常多。农作物种植中所使用的化肥、农药、农膜等生产资料的生产会排放温室气体。例如，生产 1 千克的尿素，会排放约 16 千克 CO_2 当量温室气体。畜禽养殖过程中，饲料生产、养殖场照明、供暖、清洁方面将会消耗大量水电导致更多温室气体的排放。此外，农作物生产资料、农作物和禽类运输过程也会产生碳排放。

绿色农业是农业减排的重要方向，是在生产作业过程中减少污染物排放，增加对环境的保护。各个地方在推动当地农业发展的同时，不仅仅是帮助农户增加农业产量，更重要的是引导农户的生产过程更加绿色化，降低对环境的污染，从源头上确保生产出来的农产品绿色无污染。绿色农业的实现不是将传统农业完全抛弃，而是结合现代科学技术发展，将生产力比较落后的传统型农业进行改造，

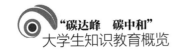

打造成具有绿色生态安全、集约化标准化组织化产业化程度高的现代化新型农业。新型现代化农业减少了劳力投入、农肥使用、畜力养殖等农用相关生产资料的投入；增加了科学技术应用、农业生产信息收集、农业人才培养等方面的软投入。新型现代化农业不但提高了生产效率，还规范了生产作业过程。这使现代化农业的绿色化发展时代特征更加鲜明。绿色农业不仅仅局限于打造绿色生产链，还应该建立对应机制完善的相关制度，从而不断地推进绿色农业发展体系的建立；出台针对绿色农业生产的奖惩规章制度，积极推动整个农业建立起绿色发展观。鉴于此，绿色农业将会是"碳达峰、碳中和"背景下的新趋势。

2）养殖业实现可持续化，消费观念实现现代化

第一，农林行业可持续运营是促进碳减排的重要举措。首先是农田土壤的可持续，提升农田土壤碳库主要通过减少碳损失和增加碳输入来实现。保护性耕作是对农田采用免耕、少耕、地表微型改造，结合覆盖、轮作、农药和病虫害防除等措施，确保耕地可持续利用的综合性土壤管理技术体系。通过保护性耕作，不但可以减少碳库损失、增加碳输入以增加土壤固定，还能够提高土壤蓄水保墒的能力，增加土壤肥力，防止土壤侵蚀、退化等。其次是避免过度放牧的问题，构建农林复合系统、加强对永久性放牧草地的保护和退化草地的修复也是提升土壤碳库、保护土壤功能的可持续措施。覆盖作物轮作、豆科固碳作物轮作以及豆科作物与其他作物的间套种都是有利于土壤固碳（减排）的农业措施。农林行业的可持续经营很大程度上保护了农林环境，直接或间接地减少碳排放并增加了碳汇。

第二，"民以食为天，国以农为本"，农业的第一要务就是保障粮食等农产品的有效供给，国家粮食安全必须立足于国内农业生产。根据相关数据，中国和印度占全球农业碳排放的25%，这就意味着中国农业的碳减排任务比其他国家重。虽然国家能够从生产端进行调节，但是需求端的调节就显得非常困难，因此改变国人的食品消费观念将会为碳减排做出巨大贡献。目前，我国粮食的总需求量仍在增长，粮食增产的压力却越来越大。在生态环境保护优先和绿色高质量发展等新理念下，粮食播种面积难以扩大，甚至可能缩小，并且农业生产很大程度上受自然灾害的影响。因此，将农业生产转变为高质量发展的过程中，实现农业的"碳达峰、碳中和"目标是具有相当大的难度的。确保粮食生产的质量安全，除了提高土地利用率以外，粮食浪费问题也是增加农业能耗和碳排

放的重要因素，节约粮食，改变食品消费习惯是每个个体能够为碳减排做出的贡献。

3）生态系统实现固碳量显著增长，林业碳汇市场逐步建立并完善

中国科学院院士方精云提出："陆地生态系统通过植被光合作用吸收大气中的 CO_2，通过光合作用减缓大气 CO_2 浓度是最可行和环境友好的途径。"植被光合作用的有效减碳能力受到了国内外各界的高度关注，提高生态系统的固碳能力也成为国际社会关注的热点问题。

首先，森林作为陆地上最大的"碳库"，林业承担着更重的固碳责任，我国在林业固碳方面作出了长期不懈的努力。近年来，基于自然的解决方案受到了越来越多的重视，生物固碳被认为是增加碳汇和缓解全球气候变暖的最具前景的方法。不断强化森林、草原、湿地、沙地、冻土等生态系统保护，出台相关的保护政策严格守住生态环保的底线和红线，对遭受重大破坏的生态环境进行修复工作，不断提升国土绿化面积，发展"蓝碳"，重视对海岸线生态系统的保护，增加红树林面积、保护海草床、盐沼泽地区的生态，以充分利用生物固碳的重要途径。

其次，林草行业是生态产品的主要供给者，在助力碳金融发展中大有可为。目前，很多地区与企业的林业碳汇项目将传统的"卖木头"转变为"卖指标"，实现了林业碳汇生态产品的货币化。碳汇交易是实现"碳中和"的重要途径，但目前国内碳市场交易的是"碳排放配额"而不是"碳中和服务"，没有真正体现碳汇的价值。要实现 2060 年"碳中和"目标，就不能一直固守以往惯例，建立以"碳中和"为目标，科学且具有中国特色、符合国情林情的林业碳汇交易新规则，探索生态产品价值实现新路径。当前，中国的林业碳汇只作为碳交易的补充措施，不符合"碳中和"原则；现有规则过于强调林地的"额外性"，开发林业碳汇项目主要方式是"造林"和"森林经营"两种，这两种方式都是基于额外性原则，但其本质上是强调了额外增加的"森林面积"，根据第九次森林资源清查数据，我国宜林荒山荒地位于西北干旱、半干旱地区，且宜林地中质量"差"达到了 50.82%，通过造林增加森林碳汇的难度越来越大。因此，今后的林业碳汇需要创新交易主体，改变现有碳交易对参与者规定苛刻的情况，制定更为灵活的交易规制，推动政府、企业和个人等多元化购买主体，以"碳达峰、碳中和"为契机，逐步完善林业碳汇强制市场和自愿市场的交易机制（图 4-4）。

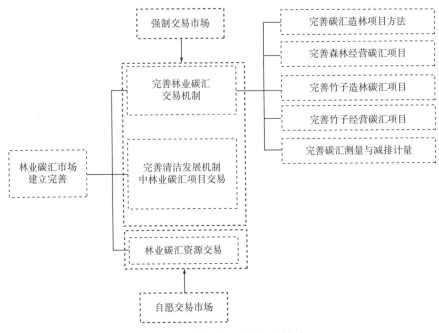

图 4-4　林业碳汇市场交易模式

4）农林行业生产方式和经营方式的转变

几千年来，中国传统农业基本上都是采取家庭耕种的方式为主，实现家庭生活的自给自足型的小农业，中国农业面临着投入成本低、产量低、种植农作物品种单一、抵抗自然灾害的能力较弱等问题。中国传统农业生产方式不能保证长期有效的稳定收入；其次，传统农业的生产作业方式效率非常低，同时又缺乏自生能力。由此可见，农业收益过低，无法吸引更多的人员从事农业，这就形成了中国农业发展的障碍。中国农业现代化发展必须要结合新型的农业生产方式和经营方式。在"碳达峰、碳中和"目标背景下，农业与其他行业不同之处在于，农业不仅需要低碳生产，更重要的是农业还肩负着平衡碳排放的重要功能。

在林业方面，中国一直加强林业建设，出台了一系列法律法规来保障林业可持续发展。首先在林地面积方面，中国通过国家顶层设计与各地政府所制定细则的共同作用下，中国森林覆盖率不断提高，全世界人工造林取得最大成效。"十四五"规划提出，如果按照中国目前的政策，森林覆盖面积将会继续保持增长，并在 2025 年达到 24.1%，较当前覆盖率将增加至少 1%。同时，自然湿地保护率也会有大幅度提高，将会达到 55% 左右。在林业生产效率方面，增加植树造林面积的同时，我们还需要清楚的是，植树造林受制于土地面积。因此，想要单方面增加林地面积来中和碳排放的力度还远远不够。近年来，许多学者在林业生态效率方面做了不少研究。研究表明林业生态效率不断提高，能够从林业自身经营情况进行改善，比如，提高技术效率、规模效率等方式来降低环境污染，提高林业产出效率，获得更多经济收益。在林业与其他行业的有机结合方面，森林康养、天然氧吧等旅游项目迅速发展，林业与旅游业结合，转变经营方式，不仅能够带来更多经济效益，让更多的人重视并参与林业发展，还可以转移劳动力至旅游行业，避免对森林环境的破坏，从而保护森林环境。

五　国外"碳达峰、碳中和"经验借鉴及其案例分析

20 世纪 60 年代以来，欧盟、美国、日本、澳大利亚、新西兰等国和地区开始了关于应对全球气候变化的理论探讨与实践探索，形成了碳排放税与碳排放权交易体系两种典型的温室气体控制手段，后者更是成为国际社会广泛认同并用于碳减排的有效措施。目前，碳排放交易体系有政府主导和自愿参与两种典型模式。前者以欧盟、日本为代表，通过政府主导促进碳排放权交易市场的运行；后者以美国为代表，以参与者意愿构建区域自愿减排市场。各国在碳减排探索过程中，因地制宜形成了各自管理风格，产生了碳减排先行经验，对中国"双碳"目标的实现提供了指导。

（一）欧美国家经验借鉴

欧盟较早就关注了气候变化问题。20 世纪 90 年代，其成员国便开征碳排放税用以控制温室气体排放。随着国际气候变化谈判进程的不断发展，欧盟在《京都议定书》框架下明确了温室气体减排目标，2020 年区域减排量比 1990 年降低 20%。为实现减排目标，欧盟构建了全球颇具影响力的碳排放权交易体系（EU-ETS），旨在通过市场手段控制温室气体排放。多年的碳排放管理使欧盟形成一系列成熟的经验，值得我国借鉴。

1. 欧盟经验

1）碳税制度

碳税来源于"庇古税"，是英国经济学家庇古为解决环境外部性提出的经济手段，通过"污染者付费"原则，让排污企业承担污染环境的后果，以达到减少污染排放的目的（图 5-1）。通过征收碳税，提高企业节能减排能力，减少碳排放，应对全球气候变暖。20 世纪末，北欧国家率先关注气候变化，通过税收减少温室气体排放。1999 年，德国、英国和意大利等也先后开征碳税，发展至今，具有丰富的先行经验。

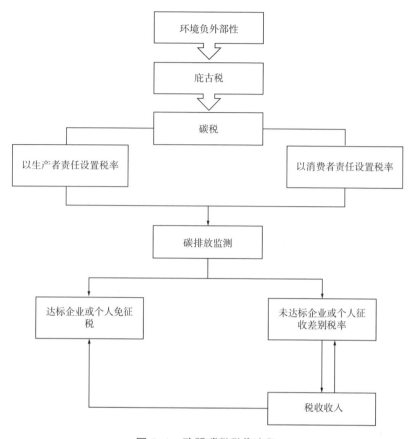

图 5-1　欧盟碳税税收流程

（1）分行业实施差异化碳税政策。为了顺利推行碳税制度，欧盟成员国按行业划分，征收不同碳税。如芬兰在设置碳税税率时，以消费者担责的原则设置了3 个类型的碳税管理方式：天然气和煤炭生产企业免征碳税，能源企业征收较高碳税，而消耗煤炭和天然气的企业和个人则征收高额碳税。差异化的碳税税率有效控制了芬兰地区碳排放。据统计，2017 年芬兰碳排放量较 2016 年减少了约 3%[①]。

（2）建立税收返还制度，合理使用税收收入。为减轻企业碳减排成本，减少碳税制度实施阻力以及顺利推动减排目标实现，许多国家都建立了税收返还制度，包括直接返还和间接返还。直接返还是将征收的碳税收入直接返还给交税企业，如丹麦的《绿色税收框架》中明确规定，对于缴纳碳税的企业，将会返还50% 的碳。间接返还主要指政府的税收收入不返还给交税企业，而是投入到有助

---

① 刘建，高维新 . 国际碳税制度建立的主要内容及对我国的启示 [J]. 对外经贸实务，2018（05）：46-49.

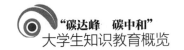

于应对气候变化的项目中，实现专款专用。如丹麦将实际税收收入用于节能减排项目；法国提出"绿色支票"概念，将全部税收用于扶持企业和家庭。

（3）建立协调组合制度。碳税制度要真正实现需要一系列协调组合制度，欧盟国家通过建立全面碳税体系，保障制度实行。如芬兰的化石能源和非化石能源共同促进碳税制度发展；瑞典通过实施免税减税制度鼓励企业降低能耗；丹麦为实施碳税政策，制定了配套的补贴制度，缴纳碳税的个人和企业可获得财政补贴，减轻个人或企业的减排成本。

（4）协调碳税与碳交易机制。英国作为前欧盟成员，在定价机制协调方面具有丰富经验。英国是响应应对全球气候变化号召最早的发达国家之一，从《京都议定书》签订后便着手建立自己的碳排放权交易体系，于2002年正式运行。此外，与碳排放权交易机制并行的还有气候变化税政策。当企业通过税收政策为温室气体排放买单后，一般不应再要求企业承担进一步额外的控排义务。因此，碳税政策与碳排放权交易制度必须有效协调。为避免与碳排放权交易制度产生冲突，英国气候变化税管控的重点是能源使用量，这意味着纳税数额仅以能源使用量为基础。这种征税方式有个致命的缺陷，即对温室气体排放量的管控能力不强，不仅不能合理区分清洁生产企业和重点控排企业，同时还可能造成零排放企业负担[1]。当然，这种简单一刀切的方式虽然在控排方面没有较为卓越的能力，但在一定程度上也减少了温室气体排放，为后期完善税收制度提供了经验。英国实施的气候变化税与碳排放权交易政策间存在良好协调性，两者间具有相互促进作用。实践证明，碳税和碳交易政策可以共同实施，打破了大多数国家认为的二者不能兼容的惯有思维。除英国外，欧盟成员国如法国、德国等也实施了类似的税收政策，避免了对温室气体排放的二次管控，与碳排放权交易体系有效协调。

总体而言，我国在建立碳税制度时要借鉴欧盟国家的经验。首先要划分各部门责任，通过清晰的责任划分设定差异化碳税税率。如对于高能耗、高排放类企业设置较高的税率，以碳税倒逼企业节能减排、转型升级；对使用新能源等清洁生产企业实行免税策略，激励企业清洁生产。其次，要提供碳税配套制度，特别是补贴制度。碳税加重了企业和个人成本，特别是高能耗企业，减排成本非常高。我国作为工业化国家，重排工业也是国民经济的支撑，贸然征收碳税会对工业企业造成较大影响，对国内经济发展不利。因此，要建立一系列补贴政策，通过补

---

① 张芃，段茂盛.英国控制温室气体排放的主要财税政策评述[J].中国人口·资源与环境，2015，25（08）：100-106.

贴促使重排企业完成减排目标，保证企业资金正常运行，实现经济发展与环境保护共同发展。最后，建立专款专用制度，碳税收入要建立专门的账户，在扣除必要支出后，将剩余收入用于节能减排项目投资或绿色企业扶持。

2）严格的监管机制

欧盟碳排放交易体系是国际公认最有成效的碳排放交易体系，该体系的成功不仅在于其法律的完善，还在于监管机制的高效运行（图5-2），值得我们研究借鉴。

《欧盟排放交易指令》为欧盟碳排放权交易监管提供了必要的法律支持，是交易体系顺利运行的重要基础。此后为适应减排任务变化及弥补现有制度不足，欧盟先后对该指令进行了多次修改。除此之外，欧盟各国还制定了分配、监测等计划。欧盟碳交易机制有完善的系统性法律法规作为保障，使该体系创造了全球领先的实践经验。目前，我国的相关法律法规还不够完善，难以对企业起到重要制约作用。因此，中央和地方都必须制定并完善相关法律对碳排放主体进行约束。

其次，欧盟碳排放管理机构设置也有独特之处。欧盟委员会成立专门的管理中心，主管各部门配额分配，实施一系列监测措施，具有关闭、责令修正违法交易的权力。该委员会为保障核查的准确性与公平性，还对核查机构制定了统一的认证条例，规范了核查机构门槛，便于区域统一协调管理。同时，欧盟还通过信息披露机制提高监管能力，使企业具有较高透明性，是提高监管能力的重要手段。信息披露机制对监管的有效性促使其在多领域被使用，欧盟碳交易体系也采用了该机制。据规定，企业每年的温室气体排放情况报告和第三方机构的核准报告对社会公开，通过信息披露方便公众对企业进行监督。

除了法律保障与监管机构的设立，欧盟完善的惩罚机制也是其管理成功不可或缺的力量。按规定，控排企业若未能按时履约，将面临巨额罚款。据了解，2005—2008年，每吨 CO_2 罚款40欧元，2008年之后增加到100欧元。并且罚款后也不能抵消其拖欠的配额，未缴清的配额需要用后一期配额抵消。严格的惩罚机制大大增加了欧盟各成员国的违约成本，提高成员国履约效率，保证碳排放管理的有效运行。

监管是实现碳减排的重要环节。目前，我国碳排放管理之所以成效并不显著，在于监管机制没有有效发挥作用。首先对企业碳排放监测不到位，导致配额发放不合理，企业排放情况了解不到位。其次，不透明的管理模式将公众监督排斥在外，仅政府和控排企业参与，监督力度没有得到很好提升。透明度不高容易滋生

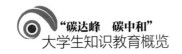
腐败，导致碳排放管理流于形式。

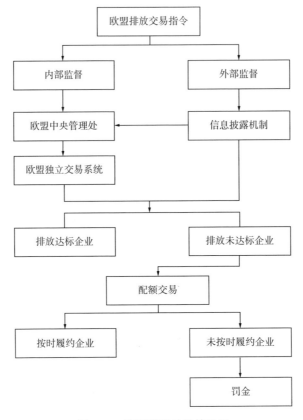

图 5-2　欧盟碳排放监管机制

3）构建区域法与国际法结合的碳交易机制

在《联合国气候变化框架公约》《京都议定书》等国际法约束框架下，《欧洲责任分摊协议》《气候变化——走向欧盟的后京都战略》《欧盟气候变化计划》等明确了欧盟减排目标及分配任务。为更好履行减排义务，欧盟签订了《欧盟温室气体排放交易指令》，并成立第一个总量控制的交易体系——欧盟排放权交易机制。欧盟排放权交易机制覆盖 27 个成员国，在具体操作中以德鲁克目标管理理论为核心。目标管理是指为实现公司总目标，需要先将目标分解落实到每个层级每个部门，各部门完成的目标合起来就是公司总目标。欧盟依据这种管理思想，将在《京都议定书》中的减排承诺分配给各成员国，各成员国又需要将其分配给本国企业，通过制定详细的分配方式及数量，完成本国减排任务。NAP 分配计划一旦制定后，需报告给欧盟碳排放主管部门，通过审核的计划才能真正在各国内运行。欧盟碳排放权交易体系的实施分成两个阶段：2005—2007年，严格控制 CO_2 排放量，其他温室气体暂不做强制要求；2008—2013年，也是《京都议定书》第一个减排承诺期，欧盟成员国可以根据自身情况增加其他温室气体的控制及交易，交易覆盖范围增加，更多企业都被纳入碳交易市场。

欧盟碳排放交易机制的形成给减排企业提供了多种减排手段，比单一的命令控制式规章制度更加灵活。企业可根据自身情况、技术、成本等因素选择不同减排方式（图5–3）。对于大排放量的企业来说，若节能减排成本过高，难以通过设备更换、技术升级减排的，可通过碳市场购买配额用以弥补自身配额不抵排放的部分；使用清洁能源、节能设备等有富余配额的企业则可通过交易市场出售。通过市场化手段促使碳排放配额合理分配，一方面对企业起到激励作用，一方面又对碳排放形成约束力，是欧盟碳排放管理取得成功的关键。

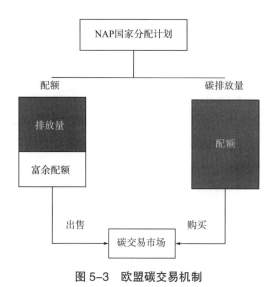

图5–3　欧盟碳交易机制

4）集权与分权结合的管理模式

欧盟具有国际社会公认的高效运作的碳排放权交易市场，据测算，该机制在完成减排目标的同时，每年能节省31亿~39亿欧元[1]。欧盟碳交易体系能有较大的影响力，其管理模式发挥着重要的作用。如图5–4所示，欧盟采取自上而下集权式与自下而上分权式结合的扁平化金字塔管理模式。位于金字塔顶端的是欧盟的管理核心《京都议定书》，强调了欧盟的减排任务；其次通过《指令》传达

---

① 邹亚生，孙佳 . 论我国的碳排放权交易市场机制选择 [J]. 国际贸易问题，2011（07）：124–134.

各国减排任务；最后各成员国内部形成分配计划，出台具体实施方案。集权方式的管理便于统筹全局，协调各方，能够使命令较容易观测执行，促使企业高效完成减排目标。通过这种方式能统一组织形象，树立集团威信，扩大其影响力、话语权。不过集权方式也有较大的缺点，组织缺少弹性和灵活性，同时，打击成员积极性。分权模型和集权相反，具有较高的灵活性，能够更好调动集体智慧，但分权模式在一定程度上效率不如集权。集权与分权模式结合，能够在很大程度上弥补双方存在的问题，是保持组织高效又灵活的有效方式。欧盟作为一个经济共同体，技术先进、资金雄厚，集中管理碳排放能够发挥整体力量，实现内部资源优化配置，提高管理的高效性。同时，成员国由于历史和现实原因，在政治、经济、社会、科技等方面存在较大差异，这要求在碳排放管理方面不能"一刀切"，在欧盟统一目标管理下考虑成员国实际状况，尊重差异、下放权力[①]，给予成员国在碳排放管理具体操作层面的自主决策权。集权与分权模式贯穿碳排放管理始终，从总量设定、分配到碳排放权交易的登记和监督均采用这种思想。在总量设定上，成员国先评估本国碳排放量，通过上报欧盟碳交易委员会形成欧盟碳排放总量；分配上，欧盟先将配额分配给各成员国，成员国可自行决定本国的分配方案，最后通过欧盟碳交易委员会审核通过实现；在碳排放权交易市场的具体运行中，各成员国也拥有自主权，实现自我管理。

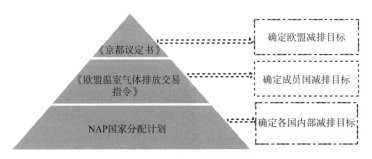

图 5-4 欧盟碳交易计划

集权和分权相结合的管理方式值得我们借鉴。在碳排放管理方面首先要进行集中管理，通过集权方式统筹协调使资源跨区域流动，形成统一领导、高效运转的管理模式。同时，由于我国面积广，地区间在经济水平、科技水平、产业结构等方面存在较大差距，因此也要考虑到各地差距，赋予地方政府自主管理权。在中央减排规制框架下，地区拥有自主管理权能够调动地区减排积极性，增强应对

---

① 石华军.欧盟、日本、丹麦碳排放交易市场的经验与启示 [J].宏观经济管理，2012（12）：78-80.

气候变化的整体力量。同时，区域间不同管理模式相互间也可产生借鉴意义，对本国碳减排具有良好的推动作用。

5）碳排放权交易体系具有开放兼容特征

欧盟碳排放权交易体系极具国际影响力，这同样得益于交易体系的开放兼容性。该体系并不局限于欧盟成员国之间的交易，它还积极和国际其他大型交易体系对接，允许通过联合履约机制（JI）、清洁发展机制等项目获得的碳减排单位在市场上交易。欧盟碳排放交易体系以其占世界碳交易量80%的庞大交易量领先世界，据了解，该体系仅2010年的交易量就达到55亿吨 CO_2 当量[1]。这种开放兼容的特点使欧盟碳排放交易体系具有较大的影响力，特别是在碳价格方面的影响不容忽视。因此，欧盟在国际气候变化谈判中也具有较大的话语权，这有利于维护成员国的利益。我国碳市场与国际碳市场脱节较严重，在国际碳市场上缺少话语权，同时，在国际气候变化谈判中往往处于劣势地位。因此，在建立全国统一的碳排放权交易市场时，要充分了解国际交易市场的特征。开发与国际接轨的碳排放产品，减少差距，寻找机会积极和国际社会合作，建立更加开放包容的碳排放权交易市场，以此使我国碳排放权交易市场发展占据主动地位。各国政治、经济、利益不同，难以建立一个全球统一的碳排放权交易体系，但同其他商品一样，碳排放交易也将走向国际化，全球主要碳交易市场逐步相互连接和开放是未来国际碳市场的发展趋势。正因如此，我国应该顺应趋势，在碳交易机制建立之初就应充分考虑与国际主要碳市场对接，为未来可能的全球一体化碳交易市场做准备。

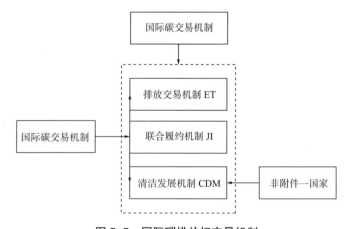

图 5-5 国际碳排放权交易机制

---

[1] 骆华，赵永刚，费方域 . 国际碳排放权交易机制比较研究与启示 [J]. 经济体制改革，2012（02）：153-157.

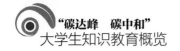
6）交易产品及平台的多元化

欧盟碳排放交易产品包括现货、期货和其他衍生品，具体来说主要有 EUAs、CERs、ERUs。EUAs 是欧盟碳排放配额，《京都议定书》确定了欧盟的减排目标，欧盟成员国通过责任分摊获得本国的碳排放配额，各成员国再将配额分配到各行业领域。通过使用清洁能源、技术改造等有富余配额的企业可通过碳排放权交易市场出售，配额不足以抵消碳排放量的企业可通过市场购买 EUAs 完成清缴任务。CERs 产生于《京都议定书》框架下清洁发展机制的核证减排量。发达国家可通过技术资金等投入帮助发展中国家减排，该项目产生的减排量为 CERs，投资的发达国家可用核证的减排量抵消本国产生的碳排放量。CERs 虽然被允许交易用以抵消碳排放量，但使用的额度也有限制，如 2008—2012 年，欧盟排放权交易机制规定 CERs 对 EUAs 的替代程度不能超过 13.4%。据了解，2008 年，碳交易市场 96% 均为 EUAs，CERs 交易占比仅为 3.9%[1]；2013 年，欧盟的碳市场成交量达到 102.6 亿吨。其中，EUAs 占 80% 以上[2]，虽然有所下降，但欧盟碳交易市场仍以 EUAs 为主要交易对象，CERs 仅带有辅助功能。ERUs 是基于联合履约机制产生的核证减排量，与清洁发展机制不同，联合履约机制对象双方均为发达国家，发展中国家并不适用。发达国家通过国际合作获得核证减排量（ERUs），合作双方可根据各自贡献分配额度，用以抵消本国的碳排放量。

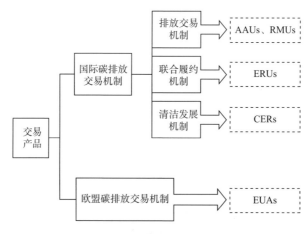

图 5-6 欧盟碳排放交易产品类型

① 李昆. CDM 项目隐性目标功能研究——技术、制度效应下碳排放权限转换分析 [J]. 科学学研究，2011，29（07）：1029-1035+1093.
② 张妍，李玥. 国际碳排放权交易体系研究及对中国的启示 [J]. 生态经济，2018，34（02）：66-70.

欧盟排放权交易机制在阿姆斯特丹、巴黎、荷兰、意大利、伦敦等均有交易所，欧洲的交易所大多以现货为主，欧洲气候交易所（ECX）为期货交易主要场所。以巴黎碳交易市场为代表的碳现货交易标的物主要是欧盟排放配额EUAs，碳排放权威机构将发放EUAs电子证书，买方通过交易平台购买EUAs，平台将卖方账户售出的额度转到买方账户，整个交易过程花费约15分钟，非常快速。以欧洲气候交易所为代表的期货市场也是碳排放交易体系的重要组成部分。欧洲气候交易所于2004年在荷兰阿姆斯特丹成立，是欧洲首个碳排放权交易市场，交易量约占欧盟排放权交易机制碳交易总量的4/5。据悉，该体系不仅交易量大，其增长速度也非常迅速，一度呈几何倍增长，短短4年增长近40倍[①]，因此欧洲气候交易所也成为最大的EUAs期货交易市场。除了开发EUA期货合约，还提供了基于碳信贷的两种衍生合同——ICE EUAs和ICE CERs。同时，也上市了碳排放权合约、基差合约等作为补充。随着期货市场的不断扩大，欧洲气候交易所还增加了现货交易。总体而言，碳交易金融产业吸引了大量金融机构加入，甚至一些私人投资者也参与其中，使得碳市场不断扩大，不仅提高了欧盟金融产业的竞争力，更推动了欧盟碳排放权交易体系走向成熟[②]。

碳交易产品与平台是连接国际市场与国内市场的桥梁，通过平台及产品的对接，可以实现碳排放权跨国分配，排放资源的优化配置。同时，多平台与多产品的出现也标志着碳排放管理国际化程度的提升，能够增强碳定价能力，是保障本国利益的有力手段。当前，中国碳交易平台尚处于试点阶段，产品形式较单一，与国际接洽程度不高，应加快全国统一碳市场建设，提高国际知名度，纳入更多国际产品，提高市场开放程度。

7）循序渐进地完善碳排放权交易体系

欧盟在建立并完善碳排放权交易市场时遵循循序渐进模式，分阶段不断优化机制。根据其减排目标实现的时间，分为3个典型的阶段。即2005—2007年的探索阶段、2008—2012年的京都阶段以及2013—2020年的后京都阶段。3个阶段都出现典型的变化，为欧盟碳市场构建提供时间表。

（1）探索阶段（2005—2007年）。交易体系覆盖的范围包括石油冶炼、钢铁、水泥等在内的重排行业企业。控排企业为产能大于500吨/天的炼油业、黑色金属加工业及水泥业；产能大于50吨/天的石灰生产业；产能大于20吨/天

① 周文波、陈燕.论我国碳排放权交易市场的现状、问题与对策[J].江西财经大学学报，2011（03）：12-17.
② 王仲辉.欧盟排放交易机制及其对中国碳排放权交易机制建设的启示[J].中国发展，2011，11（04）：24-28.

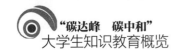

的陶瓷、砖、玻璃、造纸业等。这一阶段控制的气体为 CO_2，其他温室气体暂不做考虑。本阶段允许的产品不仅包括配额，基于清洁发展机制和联合履约机制的碳减排单位也可用于交易。配额主要以免费分配为主，拍卖不超过 5%，且配额不能储备到下一阶段。

（2）京都时代（2008—2012 年）。这一阶段是《京都议定书》的第一承诺期，欧盟碳交易体系也加入了非欧盟成员——冰岛、挪威、列支敦士登。这一阶段的覆盖范围进一步扩张，增加了航空业和硝酸制造业，覆盖的企业约达到 11000 家，排放总量约占欧盟碳排放总量 50%。本阶段控制的温室气体也逐步放开，允许成员国依据自身情况交易规定其他的 5 种温室气体。且配额仍以免费分配为主，但拍卖的配额占比增长到 10%。同时，欧盟委员会规定配额可储备用于第三阶段使用。除此之外，考虑到通过清洁发展机制项目产生的核证碳减排单位的大量出现，为维护成员国利益，欧盟对核证的减排量交易进行了限制。按照规定，发展中国家产生的减排量并不完全有效，仅其中欠发达国家的减排单位有效，其余较富裕的发展中国家需在交易前签订协议，未签订协议的地区或国家不能获得交易权，即该国家产生的减排单位并不能抵消温室气体排放量。

（3）后京都时代（2013—2020 年）。这一阶段的管制范围进一步增加，石油化工、制氨和铝业也被纳入管理中。在配额分配上，用统一的总量控制计划代替原有的各国分配计划。排放上限以 2008—2012 年配额的年平均值为基础，每年递减 1.74%，达到较 2005 年减排 20% 水平的目标[1]。

欧盟碳交易市场的建立完善经过了较长时间探索，其经验值得我们借鉴。目前，中国碳排放管理处于初步探索阶段，落后欧盟十几年。虽然中国碳交易市场建立晚、碳排放管理经验不足，但管理模式可借鉴欧盟国家，通过不断修正完善，逐步提高碳交易市场成熟度。从探索阶段、成长阶段转向成熟阶段，并不断缩短转变时间，实现弯道超车。

8）灵活的配额机制

欧盟的配额机制主要包括两个阶段，以 2012 年为界，2005—2012 年是以免费分配为主，其中前 3 年几乎全部采用免费发放，拍卖份额占比很小，如丹麦、匈牙利、立陶宛、爱尔兰的拍卖份额分别为 5%、2.5%、1.5%、0.75%。过度发放导致价格暴跌，一度导致欧盟碳排放权交易市场瘫痪；2008—2012 年，汲取

---

① 许春燕 . 国际碳交易发展及我国碳市场构建 [J]. 中国流通经济，2012，26（03）：88-92.

了教训，免费配额占比降到 90% 左右，有约 10% 通过拍卖有偿获取。如德国拍卖份额占 9%、英国占 7%。拍卖方式一定程度上提高了配额价值，稳定了碳价。但以免费配额为主的方式加之金融危机的影响，碳市场仍然低迷。2013 年以后，汲取前一阶段的经验教训，欧盟改变了碳配额分配方式，从免费发放转向有偿获取阶段。据欧盟规定，拍卖的份额要超过 50%，并提出到 2020 年达到 70%，2027 年达到 100%。欧盟在设计碳排放制度时首先采用免费分配方式，初期获得了较好效果，能够减少企业对配额管理的抵触，使其潜移默化接受控排。但随着时间推进，免费发放配额的弊端显露无遗，过度发放的配额导致供需不均衡，市场机制失灵，不利于碳交易市场的良性运转。因此，欧盟及时调整了配额分配方式，从免费发放过渡到有偿获取。这种调整机制值得我国学习，初期以免费为主，减小碳排放配额管理阻力，同时要注意避免配额发放过度，设置一定的有偿配额以稳定价格。最后随着碳市场不断完善、碳排放管理不断成熟，逐步提高有偿份额，用市场手段促进减排目标的实现。

除此之外，欧盟在设计配额分配上也颇具灵活性。《京都议定书》确定了欧盟总的减排任务，欧盟内部减排任务分配依据《欧盟责任分摊协议》。而该协议最大的特色便是充分考虑了各国实际情况，设置了不同的分摊责任。总体而言，经济发达的国家工业化程度高，排放量大，且经济科技等实力较为突出，因此，要承担相对较高的减排任务。例如，德国需要在 1990 年基础上减排 21%。考虑经济水平较低的国家发展需要，设置了较为宽松的政策，如希腊不但没有减排义务，甚至允许其增排 25%，其目的是帮助落后国家发展经济。我国各地区在发展过程中也存在差距过大问题，经济水平、产业结构、能源消耗等都存在不同的差距，欧盟内部减排任务分配值得我们借鉴。

当前，我国碳排放管理处于初步阶段，以免费发放配额为主，旨在稳定市场主体。此后，应逐步提高有偿份额，增加企业排放成本，倒逼企业节能减排、转型升级，向绿色化发展。在设计各省市减排任务时，也要综合考虑各地差距，遵循"共同但有区别的责任"原则，实施差别式减排目标。发达地区承担更多的减排任务，欠发达地区仍要以发展经济为主，并充分考虑减排任务。通过地区间协调发展，共同促进我国节能减排任务实现。

9）能源技术战略

为降低碳排放，欧盟除了使用碳税、碳交易机制等市场手段，还大力推行能源技术战略，通过创新低碳技术降低企业碳排放。

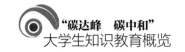

　　为协调欧盟各成员国实施能源技术战略，欧洲委员会于 2008 年成立了能源技术指导委员会进行具体指导工作，小组成员由欧盟各国代表组成。2009 年上半年，欧洲委员会举行了"欧洲能源技术峰会"，检查了成员国低碳技术创新的进展情况。同时，为了在欧盟区域内实现低碳技术创新信息共享，帮助各部门有效沟通，委员会还建立了一个能源创新信息管理系统。欧盟为实施能源技术战略，启动了包括风力、太阳能在内的六大行动计划[①]。六项计划主要研究大型涡轮机及与近海和陆上应用项目、光电和太阳能项目、新型生物燃料项目、CO_2 回收与储藏项目、智能电力系统项目、第四代核电技术项目。

　　政府在能源技术战略实施中发挥着重要作用，鼓励低碳技术创新走出低谷，推动技术的普及运用。低碳技术在创新阶段往往具有较高的风险，投入成本高、结果不确定，与企业追求短期利益矛盾。这种情况往往导致研发可持续性差，技术创新进入低谷。因此，需要政府采取有效的扶持措施，促进低碳技术创新活动的顺利开展。欧盟为支持低碳技术走出低谷，开展了多项扶持计划，包括直接资金投入和推动技术交流。据了解，2000—2006 年，欧盟已经投资 20 亿欧元用于低碳技术创新，并计划后期追加投资。高额的财政投入缓解了低碳技术创新阶段的困难，为科研提供了基本动力。此外，政府还通过推动技术交流提高技术创新能力。日本在低碳技术方面的经验非常丰富，欧盟特别重视推动与日本在该领域的研究合作。2009 年 3 月，欧盟委员会联合日本经济产业省在东京共同组织召开了"欧盟和日本能源技术领域战略工作会议"，制定了双方在低碳技术创新方面的具体合作计划。并且组织了日本相关大学和科研机构参加有关低碳技术创新的研究活动。虽然政府通过资金投入及推动技术交流在一定程度上帮助企业走出了困境，但从长期来看，还是需要市场拉动才能保持技术创新可持续。政府财政有限，只有通过创造市场需求，才能真正促进低碳技术良性发展。考虑这一点，欧盟对区域内 12000 个高能耗设施碳排放实行总量管制，为降低企业碳排放，上述高能耗设施必然要提高低碳技术应用程度，从而产生了对低碳技术创新的需求。市场需求旺盛，低碳技术投资就能够创造可观的收益，进而又为技术创新提供资金，形成良性循环。

　　实现"双碳"目标主要有两种手段，其一是减排，其二是增汇。增汇手段虽然被视为最经济的手段，但其实现具有较高的时间风险成本，一般企业并不具备承担

① 蓝虹, 孙阳昭, 吴昌, 等. 欧盟实现低碳经济转型战略的政策手段和技术创新措施 [J]. 生态经济, 2013 (06): 62–66.

风险的能力，过长投资期与不确定性风险让多数企业望而却步，因此减排手段仍然是当前最主要的方式之一。由于我国"碳中和"目标迫在眉睫，企业减排是各项任务的重中之重，企业要实现减排，最关键一点是研发节能技术，通过研发技术，提高能源利用效率，间接实现减排；同时，技术研发又能提供新替代能源，减少高排放的化石能源使用率，进而降低温室气体排放，减缓全球气候变暖威胁。技术研发所需投入也较大，因此，我国要实现碳排放管理，政府就要加大资金投入，激励科研机构、企业等研发节能减排技术，提高整体低碳技术创新能力，减少温室气体排放。并适时将科学技术转变为生产力，提高科研积极性，激发全社会创造活力。

2. 美国经验

北美地区碳减排经验主要以美国为主，美国目前尚未形成全国统一的碳排放管理体系，以区域自愿减排为主，属于典型的"自下而上"式碳减排体系。美国在管理碳排放过程中形成了多个区域协议及碳排放交易系统，如芝加哥气候交易所（CCX）、西部气候协议（WCI）、美国区域温室气体减排行动（RGGI）、气候储备行动（CAR）等。区域减排计划不仅涵盖国内，也包括加拿大、墨西哥等地区，美国因此成为北美地区碳减排管理的典型代表。

2001年，美国单方面宣布退出《京都议定书》，没有强制减排义务的美国到目前为止都没有形成全国统一的碳排放交易体系。不过碳减排意识深入人心，各州为了顺应国际大趋势，纷纷开始设立自愿减排目标，构建了一系列自愿减排交易体系。

1）法律支持

美国碳排放管理制度的制定来源于《酸雨计划》，1963年联邦政府通过颁布《清洁空气法》，确定以 SO_2 排放权交易来解决酸雨问题，该法案及其1990年的修正案虽并未将 CO_2 纳入其中，但其治理污染排放物的思想是碳排放管理制度的基础。在《京都议定书》框架下，美国开始积极讨论温室气体治理办法。2009年，美国通过了《清洁能源与安全法》，对碳减排提出了详细要求：首先，为完成碳排放总量控制，该法案明确了减排目标及完成的时间，要求控排企业以2005年作为基准年，2012年完成3%减排目标，2020年再降低17%，共计减排20%；2030年要完成降低42%的目标；2050年降低标准要达到83%。同时，2010年美国《能源法》《电力法案》等都对具体行业减排目标做出了规定，为各行各业具体减排路径提供了依据。除了联邦政府设立的法案外，美国各州级也设定了法律法规来应对气候变化问题，如2006年加利福尼亚州的《全球气候变暖解决法案》。州级层面的法律比起联邦法更具操作性，由于美国是联邦制国家，各地在政治、经济、社会等方面差别较大，州级法律法规适合本地区发展，阻力小且效率高。州政府法律法规与联邦政府法律法规共同构成了美国应对气候变化法律体系，为实现碳排放管理提供了制度保障。美国在碳排放法律方面的经验值得我们借鉴，最典型的特点是其更具可操作性，与我国现有的《大气污染防治法》相比，美国的法律更具体细化。因此，我国要实现碳排放管理更加合理化，需要不断完善法律，提出更加细致详细的条文。同时，地方政府也应该根据当地实际状况，以国家法律为基础，提供因地制宜的地方性法律法规。

2）区域性碳排放交易体系

美国并未形成全国性的碳排放交易活动，部分州在自愿前提下建立了多个区域性减排计划。其中，芝加哥气候交易所、西部气候协议、美国区域温室气体减排行动、气候储备行动是最具特色的区域性减排交易体系，具有丰富的先行经验（图 5-7）。

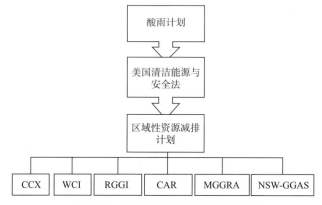

图 5-7　美国区域自愿减排交易体系

（1）芝加哥气候交易所于 2003 年成立，是由企业自愿组成，不具有强制性。CCX 不仅可进行国内交易，其最大贡献还在于提供了国际碳排放交易的先行经验。芝加哥气候交易所是自愿减排交易机构，参与者包括来自美国、加拿大及墨西哥各企业机构。该交易所采取会员制模式，目前拥有 450 多个会员[①]，包括福特和杜邦等世界 500 强企业。芝加哥气候交易所覆盖范围非常广，包括航空、电力、汽车、交通在内的 10 个行业。

芝加哥气候交易所要求参与会员做出自愿减排承诺，然后依据历史排放数据

---

① 刘英，张征，王震. 国际碳金融及衍生品市场发展与启示 [J]. 新金融，2010，260（10）：38-43.

和减排目标发放配额。如果成员企业温室气体排放量超过配额，需要用往年剩余配额抵消，或者也可以通过交易市场购买。而有富余配额的企业也有两个选择，可以积累用于后续抵消，也可通过芝加哥气候交易所进行出售。芝加哥气候交易所也为成员设定了减排目标，首先以1998—2001年排放量平均值作为基础值，然后规定2003—2006年排放量要比基础值减少4%；2007—2010年排放量要比基础值减少6%。由于缺乏明确的法律制度支持、政策具有不确定性，交易所信用受到打击，市场快速萎缩，后被洲际交易所收购。虽然芝加哥气候交易所以失败告终，但其在运行的8年间仍对碳减排做出了不小贡献。据统计，碳配额交易共产生绝对减排7亿吨，其中，工业减排占88%，剩下12%来自项目交易[①]。

芝加哥气候交易所贡献还在于其成立跨国公司进行跨国交易。美国拒绝参与《定都议定书》减排，因此缺乏全国性的交易市场，为了能够与国际接轨，芝加哥气候交易所筹备建立跨国分公司。2004—2006年，在欧洲一些国家以及加拿大、印度均建立交易所，提高了该交易所国际地位。据悉，2008年5月，加拿大推出碳金融衍生品交易，涉及的碳交易产品包括AAUs、CERs、ERUs和RMUs及自愿减排碳信用。这一系列跨国交易为全球碳市场构建提供了经验借鉴。

（2）西部气候协议于2007年2月成立，最初由亚利桑那州等5个州发起，随后加拿大北魁北克、安大略湖等先后加入，成为美国主导的减排体系，为跨国界的碳交易市场。西部气候协议旨在通过州（省）之间的联合应对气候变化问题，规定西部州长协会全面负责项目管理，各参与地区派出代表处理日常工作。2008年，西部气候协议又制定了建立限额交易型地区碳排放权交易机制的建议案，要求各参与州实行排放权交易机制。2010年，美国参与州对此建议案进行了修订，颁布了更为详细的区域排放权交易机制运行方案，提出了详细目标，即2020年碳排放量在2005年基础上下降15%。该计划于2012年正式运行，覆盖部门涉及各行各业，排放量约占总量的90%。2012年，西部气候协议又颁布了加利福尼亚州总量控制与交易体系（CAL-ETS），该体系分为三个阶段实施：2013—2014年，企业可获得的免费配额高达90%以上；为更加高效控制温室气体排放，同时兼顾经济发展，2015—2017年采取了分行业配额方式。首先将企业排放量分高中低三级，高排放量企业可获得免费配额，激发企业减排动力；中等排放量企业可免费得到75%的配额，提高排放门槛；低排放量企业由于其本

---

① 刘佳宁. 国际碳减排社会化制度创新回顾与借鉴——以排放权交易为视角 [J]. 广东社会科学，2012（04）：221-226.

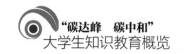

身具有清洁生产能力，免费的额度较低，仅有 50%，促使其加大对技术的提升。此后，为进一步提高社会控排能力，免费配额比例逐渐下降，除高排放企业仍免费获得配额外，中等和低等企业仅能获得 50%、30%。

该体系有以下几个特征：①采取总量控制的绝对减排目标。西部气候协议汲取了其他交易体系的经验教训，为防止温室气体大量排放，不仅设置严格上限，还限制了清洁发展机制产生的信用单位使用额度。据了解，使用抵消信用额的比例不超过总量控制的 8%。②设置严格的监管惩罚机制。首先，在机制设计上充分考虑实践功能，实行强制报告制度，并设立专门机构监督企业履约情况。西部气候协议还规定年排放总额超过 1 万吨的企业，必须经第三方核证机构认证。各行业企业配额由签署州（省）政府根据当地的排放特点确定，企业超排将接受 3 倍罚款。③碳减排交易机制具有兼容性。由于西部气候协议参与方涉及北美主要国家，包括美国、加拿大和墨西哥，在机制制定过程中需要较高的兼容性，能够与其他国家或地区碳减排规定融合。该减排交易体系的有益尝试，为美国建立统一碳交易体系提供了经验。

由于政治和经济原因，参与西部气候协议计划的成员中有 6 个州尚未在州内开展限额交易型碳排放权交易的法案，使西部气候协议的运行和发展遭遇挫折。2011 年年底，美国 6 个州都退出了西部气候协议，最后仅剩加利福尼亚州和加拿大的 4 个省，这再次引发了美国关于建立全国性的强制碳排放权交易机制的争论。

（3）美国区域温室气体减排行动是美国最早的基于州政府的强制减排体系，由新罕布什尔、新泽西、纽约等 10 个成员州于 2009 年 1 月签订。成员州需事先进行协商，签订一系列协议，然后根据签订的事项制定各自标准规则，最后再通过立法程序使协议内容具有强制性法律地位，提高执行能力。该体系采取"总量控制与交易"模式，管制对象主要为排放量较大的火力发电厂。由于火力发电厂大多采用化石能源作为燃料，释放的温室气体是造成气候变暖的主要原因，因此采取总量控制的对象首先落脚在火力发电厂[①]。

该体系为了让各州有足够的适应时间，在总量设置方面采取过渡方式：根据历史排放量，该体系设定初步的排放总量每年约为 1.88 亿吨。2009—2014 年排放总量保持不变，2015—2018 年总量每年减少 2.5%，最后达到 2018 年的排放量比 2009 年减少 10% 的目标。为完成目标，该体系规定被纳入的电力部门必须在

---

① 孟新祺. 国际碳排放权交易体系对我国碳市场建立的启示 [J]. 学术交流，2014（01）：78–81.

履约期期末提交与其 CO_2 排放相等的 CO_2 配额，未完成履约的企业就超额部分提供 3 倍的额度。为了监测各州碳减排目标的执行情况，该体系制定了详细的交易基本规则，对碳排放额分配、配额交易、履约核查、排放额检测记录等进行了科学完整的设计。同时，该体系还配备有严格的监管机制，不仅有独立的监测、报告和核证系统，还配备了第三方核证监督机构来促使交易正常运行。具体操作上，主要有外部监测和内部监测两种方式。外部监测是指政府成立专门监管部门，负责碳排放交易权市场运行。内部监测主要由受监管对象自己完成，通过及时报告排放交易等数据，切实履行自我监控义务。

该体系另一大特色是排放额几乎全部通过拍卖方式出售。为提高参与者积极性以及减少碳排放权交易市场顺利运行，传统的做法几乎都采用免费发放配额方式。实践证明，免费发放配额对减排作用不大，仅能出现在初期市场推出阶段。而配额拍卖方式无疑提高了企业碳排放成本，进而倒逼企业减排，是优化碳排放权资源的合理方式。不仅能起到减排作用，还能提高提供方参与积极性，促进该市场良性循环。截至 2016 年 6 月，美国区域温室气体减排行动共进行了三十多次配额拍卖，成交量达 8.3 亿，成交额为 25.17 亿美元。其中，纽约以 9.5 亿美元成交额位居榜首，占全部拍卖收入的 37.8%，其次是马里兰州、马萨诸塞州，拍卖额占比分别达 20.6% 和 16.5%。为稳定碳交易市场价格，该体系还设定了"安全阈值"，用于解决初级分配导致价格过高和市场供求失衡的情况。前者是当市场平均价格在一段时期内连续超过安全值时，该机制发挥作用，延长履约期；后者是当市场价格连续两次超过安全值时，说明配额供应不足，此刻需要将交易范围扩展到其他国家，允许使用 5% 的国际碳信用，特殊时期可用 20%[①]。

除此之外，政府还将其大部分收益用于能效提高、清洁能源开发等项目中，促进地区应对气候变化的能力。例如，家庭可使用高效能家电，从而减少电力支出；企业通过节能技术和设备更新实现节能减排。此举让当地的碳减排资金使用形成良性循环，不仅保证了市场有效运行，还为减排做出了较大贡献。

（4）气候储备行动的前身是加利福尼亚州气候行动注册处（california climate action registry，CCAR）。加利福尼亚州气候行动注册处，2001 年由卡万塔能源等 23 个创始成员在加利福尼亚州组建的自愿性温室气体减排注册机构，其目的在于鼓励企业尽早开展温室气体减排活动。随后成员逐渐增加到 350 多个，包括企

---

① 韩鑫韬. 美国碳交易市场发展的经验及启示 [J]. 中国金融，2010（24）：32-33.

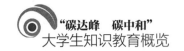

业、大学、政府机构和环保组织等。严格地说，加利福尼亚州气候行动注册处不算碳减排协议，它只是一个报告系统。企业通过其开发的报告系统 CARROT，记录温室气体排放量，用以后续减排参考。加利福尼亚州气候行动注册处采用自愿测量与自愿报告方式，不包含任何减排目标和义务，同样也不分配排放指标。加利福尼亚州气候行动注册处规定，前 3 年内其成员必须报告位于加利福尼亚州的排放源的 CO_2 排放量，鼓励成员报告其在美国领土内所有排放源的 CO_2 排放量以及 CH_4、N_2O、PFCs、HFCs、SF_6 五种温室气体排放量；3 年后，必须报告 6 种温室气体的所有排放量。2000—2005 年，90 多个成员共登记了 2 亿吨 CO_2 排放量。

2009 年加利福尼亚州气候行动注册处变更为气候储备行动，在美国多个城市均设有代理处。与加利福尼亚州气候行动注册处不同的是，气候储备行动有明确的减排目标，且与项目挂钩。气候储备行动的交易项目涉及包括工业在内的四大领域，由于其他协议已考虑能源电力等部门，因此气候储备行动暂不将其纳入。基于该体系项目所产生的减排量单位称为气候储备单位（climate reserve tonnes，CRT），1 个气候储备单位可抵消 1 吨 CO_2 当量。气候储备行动在管理碳信用方面还有一个很值得借鉴的做法，它为所有颁发的碳排放信用额都指定独一无二的序列号。这样做可以有效地避免碳排放信用额的重复颁发和使用，也可以让买家放心，一旦某个碳减排项目结束后，项目所产生的碳信用额是不会被转卖和重复使用的，这就能确保碳减排项目带来的碳减排效应是真实的、永久的。加之公众可以在气候储备行动系统中查询到所有的碳减排项目信息，信息公开无疑为其他碳交易市场树立了榜样。

综上所述，美国在建立碳排放权交易市场方面能够为我国提供经验与教训。首先，美国碳排放政策具有不确定、不统一等特征[1]，这导致碳排放交易权市场构建缺乏法律支撑，市场信心受到打击，导致多个区域性减排市场发展不景气。因此，我国在建立碳排放权交易市场时应汲取其经验教训，加快碳排放权法律制度的完善，以全国一盘棋的方式推出统一协调制度，以提高管理效率和水平，提供减排支撑力和减排动力，从整体上提高我国经济发展质量。其次，积极构建碳排放权交易体系与平台。目前，我国碳排放交易与合作对象主要为发达国家，通过清洁发展机制，发达国家可与中国进行项目合作开发。但这种方式往往导致中国在碳排放权交易方面处于弱势地位，对规则制定没有多大影响力，导致中国碳排

---

① 庞德良，张恒 . 强制性限制排放政策在美国的探索与实践 [J]. 环境保护，2012（23）：69-71.

放权交易长期处于不良发展状态。因此，我国应该积极构建并完善碳排放权交易体系与平台，扩大交易范围，通过与国际对接提高市场份额，强化国际影响力，从而提高国际话语权，增强碳排放权定价能力，改变目前发达国家主导的模式和规则，充分发挥国际碳交易有效参与贡献。

3）绿色金融创新

为积极应对全球气候变化，绿色金融应运而生，绿色金融为碳减排提供了多种产品或服务，如图5-8所示，在应对气候变化方面做出了较大贡献。

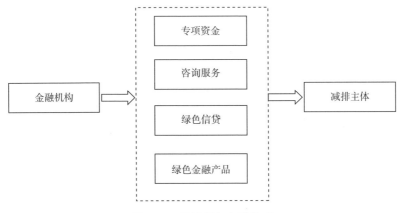

图 5-8 美国绿色金融体系

（1）直接投资或提供金融咨询服务。美国多个金融机构在减排方面响应积极，直接投资减排项目或为减排企业提供咨询服务，其中最为积极的金融机构是美国银行和花旗集团。美国银行在2007年承诺未来10年将投资200亿用于应对气候变化，并计划在几年内将贷款导致的碳排放的增长率降低7%。花旗集团较早就关注了绿色产业发展，为多个绿色产业提供了直接或间接支持。如花旗集团为巴西生物柴油公司上市进行承销，承诺500亿美元用于治理气候变化等。金融机构在推进碳减排方面发挥着不可忽视的作用，是应对气候变化的中坚力量。

（2）实施绿色信贷政策。除了直接投资和提供咨询服务外，金融机构还通过绿色信贷政策促进企业节能减排绿色发展。首先，金融机构会依据赤道原则决定是否贷款给企业。赤道原则是指为了获得贷款，企业必须在环境等方面达到要求，如果企业达不到相关要求，金融机构可根据政策规定拒绝贷款给企业。依据赤道原则，美国金融机构给达标的绿色企业提供贷款，帮助其技术创新或购买节能减排设备等。

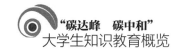

除此之外，美国绿色金融发展还离不开绿色金融投资产品。如 2007 年摩根大通推出的"JP 摩根环境指数－碳 β"基金、瑞士联合银行推出的全球变暖指数（UBSWGL）等。金融产品为低碳发展提供了融资渠道，降低了企业风险，增加了美国减排能力。与此同时，社会普遍形成的环保理念也促使了绿色金融机构的出现。如 2008 年，美国民间团体"对环境负责的经济体联盟（Ceres）"发表了《公司治理与气候变化》报告，该报告分析了全球 40 家大型银行机构对低碳经济的支持力度，并对其进行了排名。报告出炉后，排名靠后的机构纷纷做出减排承诺以维护自身形象，舆论监督为金融机构绿色发展提供了约束力，也为碳减排监管提供了借鉴经验。

（二）亚洲国家经验借鉴

亚洲国家在借鉴欧盟模式基础上，依据各地经济、政治、文化、资源等情况的不同，形成了颇具特色的管理方式。其中，最具代表的是日本形成的"政府主导、全民参与"模式和依据欧盟模式建立的东盟减排模式。同样处于亚洲的中国在诸多方面与这些国家有相似之处，因此，探讨亚洲国家碳排放管理对我国碳减排具有重要借鉴意义。

1. 日本经验

日本作为高度发达的资本主义国家，其能源消耗和 CO_2 排放量非常高，作为《京都议定书》的发起者和倡议者之一，日本具有强制性减排义务。日本通过政府扶持、市场主导、全民参与，构建了一个"自上而下"和"自下而上"的减排体系，该体系为日本实现减排任务提供了保障，是国际社会碳排放管理典型的经验之一。

1）完善的法律体系是日本实现碳减排的保障

为遏制全球气候变暖，实现减排承诺，日本政府制定了一系列法律制度。如图 5-9 所示，日本碳排放管理体系分为 3 个层面，最外层的《京都议定书》，其后的《气候温暖化对策法》，以及各部门法案、行业标准、技术指南等，赋予碳减排义务强制性地位。通过 3 个层次的法律保障，日本在碳排放管理方面也具有较完善的规章制度，明确了排放、监测、审核、报告

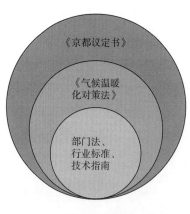

《京都议定书》

《气候温暖化对策法》

部门法、行业标准、技术指南

图 5-9　日本碳排放管理法律体系

等多方面的具体实施方式，保障了交易体系的形成及碳排放管理的有效运行。

（1）确定排放、监测、计量方法。日本为更好地实现碳减排义务，对各部门的碳排放源识别进行了约束。通过《高压气体安全法》《消防法》《工厂场地法》《建筑标准法》等明确各部门碳源识别方法，监测机构及独立的核查机构，为日本碳排放管理提供了基础方法。

（2）确定能源减排计划。日本作为发达的工业化国家，高能耗产业颇多，较高的能耗导致日本碳排放量与日俱增。为快速高效解决碳排放问题，日本首先将目标瞄准能源密集型企业，开展了能源减排计划。在《京都议定书》的框架下，2005年，日本通过《环境能源技术革新技术》《节能法》，提出生产部门节能的短期、中期和长期计划，构建能耗密集型行业节能目标体系。同年6月，修正了《地球温暖化对策法》，提出发展太阳能等可再生能源计划。2013年，发布的《经济蓝皮书》调整了能源战略，进一步强调可再生能源的重要地位，并提出要重视节能技术的创新。2015年9月，制定了《环境能源技术革新计划》，提出节能减排计划实施的目标及具体路径。

（3）确定碳排放权产权，构建碳交易市场。明确碳排放产权是实现碳减排重要的一步，通过明确产权解决环境外部性问题，同时构建碳交易市场，实现碳排放权资源的优化配置。1998年，日本政府通过《地球温暖化对策法》确定了碳排放的归属权，产权明确化为碳市场构建提供了基础，提高了参与主体的积极性。2005年，日本启动自愿排放交易体系（JVETS），成为亚洲地区最早建立碳排放权交易市场的国家，该交易体系为亚洲其他地区建立市场提供了宝贵经验。2010年5月，通过《全球变暖对策基本法案》提出的建立强制性碳交易机制。目前，日本政府形成了自愿减排与强制减排的双重市场。

日本在碳排放管理方面除了有专门的法律外，其法律的详细度与可操作性也非常强。通过对碳排放管理涉及领域方方面面的规定，明确了各部门权利与义务，不仅对各相关主体具有监督追责作用，同样具有激励作用。清晰的责任划分是实现碳排放管理的基础，我国碳排放管理存在职能部门管理交叉、责任不清等问题，政府应重视法律完善性，提高条款的可操作性，将管理责任划分清晰，落实到个人头上，以便提高各部门管理效率，增长整体管理效果。

2）循序渐进地构建碳交易市场

日本碳交易市场构建以《京都议定书》为框架，从自愿减排市场逐渐过渡到自愿、强制双重市场，形成多种碳排放交易机制，如图5-10所示。

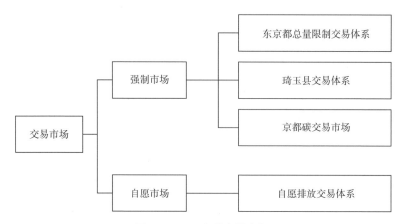

图 5-10　日本碳交易市场

在形成碳交易市场过程中，日本经历了 3 个典型的阶段。

（1）碳交易市场运行初期。日本碳交易市场是围绕《京都议定书》减排承诺形成的，因此碳交易初期运行主要在于完成减排目标。为此，日本政府开展了《自愿行动计划》，提出 2010 年 CO_2 排放量与 1990 年保持一致的目标。为实现目标，日本政府要求能源密集型企业履行自愿减排承诺，并通过补贴激励各类企业参与计划。为保证目标按时完成，政府还建立了年评估机制，用以审查减排情况，及时反馈政策实施的效果。据了解，参与计划的企业共 31 家，87% 企业达成目标，其中约一半企业通过购买配额完成目标，交易量为 240 万吨 CO_2 当量[①]，《自愿行动计划》成为日本国内碳交易试点计划，为构建碳交易体系提供了先行经验。

（2）自愿排放交易体系形成时期。《自愿行动计划》取得一定成果后，日本政府为加快实现减排目标，收集了各方意见。2005 年，日本环境厅提出建立国家层面的碳交易体系——自愿排放交易体系。为吸引更多企业参与，该体系基于"自愿原则"，不设排放上限，要求参与者自行设立减排计划。未完成目标的企业可通过国内市场和国际市场购买配额或其他碳信用。该市场体系涉及多个行业，包括占总参与企业 54% 的建筑业、制造业和金属冶金业。同时，政府通过补贴为参与企业减少了额外成本，参与企业数量大量增加，从初期的 31 家企业，到 2006 年的 61 家，再到 2008 年的 200 家，实现了市场主体的扩大化。

（3）自愿性市场与强制性市场并存阶段。自愿排放交易体系的最大作用在

① 骆华，赵永刚，费方域.国际碳排放权交易机制比较研究与启示 [J].经济体制改革，2012（02）：153-157.

于积累排放权交易经验，该体系的实施阶段并未真正形成全国范围内的碳交易市场，属于碳市场形成的过渡时段，地区强制减排体系的出现意味着真正的碳交易市场形成。2010年4月，世界首个城市总量限制交易计划——东京都总量限制交易体系正式启动。该体系实施对象涉及约1400个商业设施和工厂，占东京都总排放的1/5。同时，东京都也设立了减排目标，要求2020年碳排放量比2000年下降1/4。由于该体系运行获得显著效果。琦玉县、京都碳交易体系也相继启动，构成了日本地方强制碳交易三大体系。截至目前，日本形成了国家性和地方性、自愿性和强制性并存的全国范围内的碳交易体系。

3）资金扶持下的全民参与计划

为推进碳减排计划的实施，日本政府每年都要拨出大量的预算资金对参与减排的企业或个人进行补贴。为鼓励企业积极参与碳减排，日本政府推出一系列激励政策，承诺参与自愿减排的企业可获得财政补贴，用于购买节能减排设备。同时，为鼓励全民参与，日本政府成立了"环保积分"制度，家用或办公节约的水、电、气等，可以换算成 CO_2 排放量，然后减少的 CO_2 排放量以积分形式记于个人账户，积分可兑换现金、购物券等政府补贴。除此之外，居民可免费享受政府安装的太阳能，但其产生的减排量为政府所有，用于稳定碳市场价格，实现了双赢局面。政府资金支持激励了全社会参与减排的积极性，不仅提高了全民的环保意识，也为建立低碳社会提供了关键推力，促进日本国内减排义务的实现，加速碳减排进程。

重大排放企业是碳减排的主要对象，管理条例丰富且严格。但企业减排面临的时间成本与技术成本较高，短时间内较难在稳定经济的同时顺利实现减排目标。倡导全民减排是应对气候变化的有利方式，作为减排的补充形式之一。倡导家庭减排可以减轻企业减排负担，转移一部分压力；另一方面，全民减排也能提高公众低碳生活意识，不仅有利于公众对企业碳排放进行监督，同时也有利于形成长期减排的良好局面，是实现人与自然和谐共生的有利方式。

4）集权与分权紧密结合的管理方式

日本在管理气候方面总体而言遵循"国家统筹、地方自治"原则，其管理模式如图5-11，国家为气候变化制度总体规划，各地方根据当地实情采取合适的行动方案，通过自上而下与自下而上结合的方式共同促进管理体系有效运行。

（1）国家层面而言，政府的主要职责：一是制定并完善相关法律法规，赋权相关职能部门。日本政府根据《京都议定书》减排承诺及国家气候相关战略设立全国减排目标，并制定相关计划，通过目标管理，将国家整体目标分配到各地方。根据《环境基本法》《全球气候变暖对策促进法》，指定环境省作为应对气候变化的主管部门，主要负责政策法规制定、履行监督、协调等职能。同时，环境省还具有设置组织结构的职能，通过设立地方环境事务所落实国家政策方案。除此之外，日本政府还将应对气候变化的支出纳入国家财政部管理，中央政府用于气候变化的支出归财务省负责，地方用于应对气候变化的支出归总务省管理。二是以《京都议定书》减排承诺为目标，建立国家强制性碳交易市场。国家强制性碳交易市场主要覆盖能源密集型企业，包括电力、钢铁、化工、造纸等高能耗企业。高能耗企业是温室气体排放的主要部门，建立国家强制性市场为碳减排提供了关键约束力，是日本低碳化发展的重要举措。

（2）地方层面而言，政府的主要职责是根据国家政策制定地方应对气候变化的方案。地方政府具有决策权，中央下达减排目标后，地方政府可根据现有规定和地区特点，自主制定适合碳减排的具体行动方案。在地方政府管理中，日本形成了三大极具特色的地方性碳交易市场——东京都、埼玉县、京都碳交易体系。前两者主要覆盖部门为商业区大能耗企业，如写字楼、公共建筑等大型设施部门。辖区内碳排放量大的企业将被强制纳入碳排放交易体系，通过配额或购买碳信用进行履约，否则会受到严厉的惩罚。京都碳交易体系与前两个体系不同，其实质是以碳信用抵消机制为主构建的碳交易体系，致力于碳信用储备。总体而言，地方政府具有自主管理权，通过独立的碳交易系统进行本地区碳减排管理。

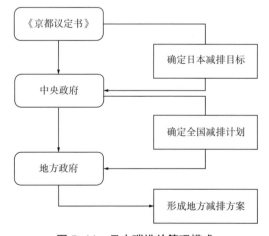

图 5-11　日本碳排放管理模式

5）碳税改革促减排

碳税是环境税的一种，是对碳排放进行征税的一种专门性税种，它属于政府环境规制手段，通过征收税，能够对行为主体产生极强的约束。除此之外，政府也可通过征收碳税增加财政收入，碳税因此也被认为是具有双重功能的政策工具。碳税最早出现在芬兰，芬兰政府实现碳税后，在碳减排方面取得了明显效果，因此碳税被多数国家引进用以本国碳减排。日本政府在进行碳管理过程中，除了通过构建碳交易市场外，碳税也成为减排的强大政策工具。日本是早期认同碳税减排效果的国家，2004 年便开始提出碳税方案，经过 3 年调整，最终于 2007 年开始正式征收碳税，当时以每吨碳 2400 日元征收。碳税的实施在日本也起到了较好成果，明显对碳排放有了一定限制，因此日本政府一直保留着这项税种。

随着时间推移，碳税弊端也开始显现，碳税增加了企业生产成本，遭到了企业强烈反对。因此，日本政府开始对该制度进行改革，于 2011 年进行了第一轮的碳税改革，首先将其修改为附加税，改变了碳税独立税种的地位，减轻了征税成本。同时，日本将 CO_2 排放量作为征税基础，每吨需支付 289 日元，改变了以往以含碳率征收碳税的方式。新规定减轻了企业减排成本，也减少了政府征收碳税的成本。日本政府的碳税政策改革对碳排放起到了明显抑制作用。资料显示，2019 年日本碳排放量较 2005 年减少了 12.2%，减排取得较大成果除了其他政策工具，碳税发挥着不可忽视的作用。日本碳税制度的成功在于政府重视，实施碳税初期，为了成功推广碳税，政府对高能耗制造业实行了免税，对家庭使用煤油减免一半的税收，以使企业和居民度过适应期，并最终接受碳税。

学界普遍认同碳税作用，认为通过实施碳税能有效提高企业减排效率。当然，在实施碳税时，要充分考虑其地位，作为独立税种还是附加税，这将直接影响碳税作用发挥的效果。中国实施碳税有其必要性，但在具体方案设计过程中，要考虑税收成本，降低成本同时征收适当差别税，不能过度增加企业负担，导致企业面临压力难以维持生存。此外，碳税要与其他制度配套实施，通过补贴或碳交易协调，减轻企业负担。

2. 韩国经验

韩国虽然不属于《京都议定书》附件一国家，但碳排放量处于世界第 9，严峻的碳排放形势迫使韩国政府加大对碳排放管理的重视。据了解，韩国计划 2020 年碳排放量比 2005 年减少 30%，即 2020 年减少 5.69 亿吨 CO_2 排放量；并

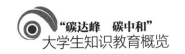
且承诺 2020 年可再生能源占比达到 6.08%[①]。政府为实现承诺，采取了一系列低碳战略，并采取了基于总量控制的温室气体排放管理办法，形成了韩国碳排放交易市场。在管理碳排放过程中，韩国也提供了特色的先行经验，为后续碳市场完善提供参考。

1）合理的法律制度安排

韩国碳排放管理的成功离不开政府的大力支持，政府在立法、制度安排方面减轻了韩国碳排放管理的阻力。2008 年 5 月，韩国政府提出"低碳绿色增长战略"，该战略拉开了韩国全国范围内减排序幕。2009 年 2 月，公布《气候变化对策基本法（草案）》，对气候变化问题进一步探讨。2010 年，承诺自愿减排目标，同年 4 月，颁布了《低碳绿色增长基本法》。该法案的两大亮点为逐步实施"温室气体——能源减排目标管理体系"和"碳排放交易体系"。直至 2012 年 5 月，韩国国会宣布通过碳交易制度，并规定该法案于 2015 年 1 月生效。至此，韩国政府通过立法逐步实现了碳排放市场化管理的目标。

除此之外，为保障韩国碳市场正常运行，韩国政府专门安排不同部门实施碳排放权交易制度管理。财政部与环境部总揽全局，主管制度设计方面；绿色成长委员会负责宣传，提高全社会低碳意识；环境部与知识经济部共同举办政策解说会，提高上下沟通的效率，避免因政策误解造成过高额外成本（图 5-12）。

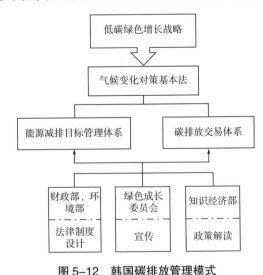

图 5-12　韩国碳排放管理模式

① 陈洁民，王雪圣，李慧东 . 多哈气候峰会下亚太地区碳排放交易市场发展现状分析 [J]. 亚太经济，2013（02）：41-46+40.

2）灵活的配额管理制度

目标管理广泛运用于企业内部，即确定公司总目标，再将总目标层层分解，自上而下分配到每个责任主体身上，各自贡献分目标以完成总目标。韩国政府借鉴了企业目标管理方式，制定了中长期政策目标，每年都将减排目标层层分解，对社会各部门制定不同的减排计划。碳交易市场形成初期，韩国政府将年排放 CO_2 达 12.5 万吨的企业或年排放达 2.5 万吨的工作场所纳入碳市场交易体系。据统计，该规定涵盖了 23 个行业 525 家企业，其中，石化企业占比 16%，钢铁企业占比 7.62%，电力和能源企业占比 7.24%，汽车公司占比 4.57%，电子电器公司占比 3.81%，航空公司占比 0.95%。[1] 被纳入碳交易体系的企业排放量占韩国总排放量的 65%。根据行业不同贡献及排放量高低，政府设计了不同的配额，电力能源部门 7.385 亿吨，钢铁行业 3.057 亿吨，石化行业 1.437 亿吨，水泥行业 1.28 亿吨。

除了考虑不同行业配额分配制度的不同安排，韩国政府还充分考虑了时间问题，通过循序渐进方式，逐步推进配额制度的完善。

①免费发放配额阶段（2015—2017 年）：此阶段被纳入碳交易体系的企业可以免费享受政府分配的配额。据韩国环境部数据显示，碳配额总量为 16.87 亿吨，除国家预留的储备配额 8900 万吨外，剩余均 100% 免费发放给企业。这一制度提高了市场参与主体的积极性，也为碳市场形成提供了动力。

②免费与有偿结合阶段（2018—2026 年）：为使控排效果提高，这一阶段政府不再将配额完全免费发放给企业，免费的配额量有所减少。具体可分为两个过渡期：2018—2020 年为第一期，政府将免费分配的额度降至 97%，除了政府预留外，配额中有 3% 需要企业有偿购买。这一期仍以政府配额为主，开始探索有偿手段。2021—2016 年为第二过渡期，免费发放额度降至 90% 以下，有偿部分的配额占比越来越大。

据统计，电力和能源行业配额从 2015 年 5.724 亿吨下降到 2017 年的 5.59 亿吨，配额比例持续降低，配额数量也逐年下降。经过初期探索，政府越来越重视市场调节能力，开启了从完全免费到完全市场化的过渡阶段。除此之外，韩国碳交易体系与国际接轨，碳信用还可通过国际市场获取。不仅协调了国内配额的分配，一定程度上也促进全球碳市场交易体系的形成。

---

[1] 张妍，李玥．国际碳排放权交易体系研究及对中国的启示 [J]．生态经济，2018，34（02）：66–70．

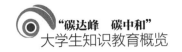
3）严格推行碳排放管理制度实施

韩国有较为严格的减排制度，除了初期的免费配额发放外，政府越来越倾向于市场化手段，即用有偿购买方式推进碳市场进一步完善。碳排放管理的主要对象是排放量高的企业工业，据统计，虽然企业获得的绝大部分配额都是免费发放，仅5%需要付费，但仍给工业部门带来了4.7万亿韩元的成本。此外，未履约的企业也将受到每吨最高3倍于市场价的罚款[①]。过于严厉的制度遭到重排企业的强烈抗议，认为政府给企业带来的额外成本削弱了企业竞争力，碳市场交易制度受到严重挑战。但韩国政府通过预测，认为75%的高耗能高排放企业会因此受到压力，进而进行产业转型升级，能够促进提高企业能耗效率、发展清洁能源。因此，韩国政府在众多反对声音中，仍然推行该制度，选定了10项包括污水处理、新能源汽车在内的绿色产业进行扶持，通过《绿色知识产权战略计划》展开了一系列绿色知识技术保护。除此之外，政府积极与高校、科研机构等合作，展开绿色技术实践推广。政府强制实施碳交易制度使韩国碳交易制度执行力得到保障，促使韩国产业向绿色化、低碳化转变。

4）拓宽碳减排参与主体

韩国碳减排参与主体包括政府、企业、个人、金融机构（图5-13）。跟其他国家类似，初期主要是政府和重排企业，碳排放管理的发展也是在企业与政府博弈中逐步发展。重排企业排放量占全国总量的13/20，毫无疑问会成为碳排放管理的重点对象。由于严格的碳排放管理制度遭到企业抵抗，政府为缓和矛盾及降低脱离目标的可能性，鼓励全民参与减排，出台了具有韩国特色的"碳积分制度"。2009年，韩国政府便宣布国民在生活中节约的用水量、用电量、用气量等可换算为实际碳减排量，每10克CO_2可获得1个积分点。国民可用累计的积分换取政府提供的现金、交通卡、购物券等奖励。[②]

除了鼓励全民参与减排计划外，政府还鼓励金融机构参与碳市场。为此，韩国将碳交易金融化，组建了碳基金和碳金融公司。2007年，韩国诞生了首个碳基金机构——韩国私募碳特别资产一号，该机构投资重点在新再生能源行业[③]。通过金融市场募集资金，能够缓解政府面临的减排压力，也能给市场提供信号，引导

---

① 周丽，段茂盛，庞韬.我国碳排放权交易遵约机制的关键问题探析[J].生态经济，2013（06）：58-61.

② 陈洁民，王雪圣，李慧东.多哈气候峰会下亚太地区碳排放交易市场发展现状分析[J].亚太经济，2013（02）：41-46+40.

③ 孙秋枫，张婷婷，李静雅.韩国碳排放交易制度的发展及对中国的启示[J].武汉大学学报（哲学社会科学版），2016，69（02）：73-78.

资金流向绿色低碳产业。与碳基金机构不同，碳金融投资公司专门经营碳排放权交易。韩国碳金融公司从 2008 年开始相继成立，这类公司的成立对碳排放权市场化管理提供了重要桥梁。专业金融公司有着良好经验，对碳排放权运营能起到更好作用，能够更高效地促进碳市场的形成，提高与国际碳市场接轨的能力。

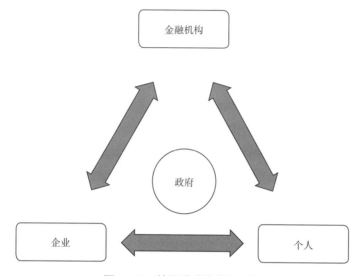

图 5-13　韩国碳减排参与主体

5）林业碳汇项目

韩国虽然不属于《京都议定书》附件一国家，但较高碳排放量使韩国政府不得不重视减排问题，不仅向联合国递交了自愿减排目标，也在《京都议定书》框架下设立了多种减排项目。其中，被认为成本最低、潜力最大的林业碳汇成为韩国政府碳汇项目的重点。为了推动林业碳汇项目顺利开展，韩国森林厅于 2010年开始实施森林碳抵消制度，建立了 4 个造林再造林项目。2012 年，为进一步促进林业碳汇项目的开展，韩国政府出台了《低碳绿色成长基本法》《碳汇法》，在植被保护、恢复、毁林、森林退化等方面做了更加详细的规定。

为了引起市场参与主体的重视，引导资源流向林业碳汇项目，韩国政府出台了多项补助措施。2013 年，政府补贴了项目计划书制作费，其中，交易型项目补贴约 2 万元人民币，非交易型项目补贴约 1.6 万元人民币。除了直接进行补贴外，政府还为项目承担了监测核查费用，大大降低了项目成本。据了解，截至2016 年年初，韩国开展了 73 个林业碳汇项目，其中交易型项目占 43%，非交易型项目占 57%。年均吸收 CO_2 量为 8737 吨，预计总吸收量达 119860 吨，潜力巨大。

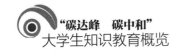

林业碳汇项目为重排企业提供新的履约路径，面对技术成本高、转型困难的企业来说，通过林业碳汇项目获得碳信用以抵消企业碳排放量将是未来减排路径的关键。

3. 印度经验

印度是发展中国家，非《京都议定书》附件一国家，但其积极响应联合国号召，确定了自愿减排目标。印度政府在应对气候变化问题上做出如下承诺：2020年碳强度比 2005 年减少 20%~25%；2020 年太阳能占比增加到 15%；2010 年开始，10 年内减少 10000 兆瓦的能耗；2020 年森林面积在 2010 年基础上增加 2000万公顷。提出减排目标后，印度积极开展各种措施以实现承诺。从"执行、完成和交易"机制（PAT）碳排放权交易市场的形成到接轨国际清洁发展机制项目，印度形成了许多值得借鉴的经验。

1）政策支持下逐步建立碳排放权交易市场体系

印度在借鉴欧洲经验上，积极推进自主碳排放权交易体系形成，是最早建立场内碳交易市场的发展中国家。2007 年，印度制定了《气候变化国家行动计划》，明确了减排的必要性。2010 年，推出了碳排放权交易机制——"执行、完成和交易"机制，该机制形成了发展中国家第一个排放权交易市场。通过"执行、完成和交易"机制，印度政府将包括水泥、化工、钢铁在内的 9 个行业共计714 家能源密集型企业和发电行业纳入碳排放权交易体系中。按照规定，完成减排的企业将获得由政府部门签发的节能认证证书，未完成目标的企业需要购买碳信用抵消。此外，政府还引入碳税政策，对每吨煤炭征收 50 卢比的碳税，配合碳市场共同约束煤炭使用率。

同样，政府在科研和金融层面也为市场提供了支持。据了解，印度有 200 多家科研机构涉及气候变化研究，国家对科研方面重视程度非常高。并且为解决投入资金问题，政府规定银行机构不仅有权直接通过市场途径买入碳交易产品，也可以为实施碳交易的企业组织提供足够的贷款，供项目开发运营。

在政府的大力推动下，印度形成了较为完善的碳排放权交易市场。成立了多种商品交易所（MCX）、国家商品及衍生品交易所（NCDEX）等。目前，推出了EUAs、CERs 等期货产品，积极与国际碳市场接轨（图 5-14）。资料显示，2008 年8 月，欧洲公司在印度购买的碳排放量约为 700 万吨，占总购买量的 33%。[1]

---

① 骆华，赵永刚，费方域. 国际碳排放权交易机制比较研究与启示 [J]. 经济体制改革，2012（02）：153-157.

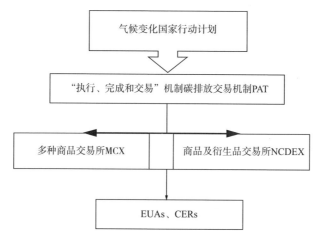

图 5-14　印度碳排放权交易体系

2）基于"单边策略"的清洁发展机制项目开发

《京都议定书》遵循"共同但有区别的责任"，作为发展中国家的印度，暂无强制性减排义务。京都机制下的三种碳交易市场机制包括国际排放贸易机制（ET）——基于国际配额交易的市场机制，联合履约机制——基于国际减排项目合作的市场机制，清洁发展机制——基于国际减排项目合作的市场机制。联合履约机制和清洁发展机制为项目交易，联合履约机制为发达国家之间的减排项目合作机制，只有清洁发展机制项目为发展中国家参与提供了机制。清洁发展机制虽然也是基于国际减排项目合作的市场机制，但其主要目的和联合履约机制不同，清洁发展机制项目旨在通过国际合作形式，依托发达国家雄厚的资金基础和超高的技术水平，解决本国减排问题及发展中国家产业转型升级问题。清洁发展机制作为全球第二大碳排放权交易市场，发展规模迅速，年交易量最高达到 5.51 亿吨 CO_2 当量，价值 74.26 亿美元。

印度处于清洁发展机制供应量第二位置，为与中国竞争市场，印度开启了"单边策略"模式[1]。如图 5-15 所示，项目传统开发模式是指发达国家提供资金或技术与发展中国家合作，共同开发清洁发展机制，最后双方分配项目产生的 CERs。"单边策略"模式不同，印度国内可自行进行项目开发，通过核证签发 CERs，获得的碳信用通过清洁发展机制市场直接出售给发达国家，发达国家并不参与项目的开发，整个过程呈"一"字形。为解决清洁发展机制规模小、交易

① 王家玮，伊藤敏子. 我国碳排放权市场发展路径之研究 [J]. 国际商务（对外经济贸易大学学报），2011（03）：37-46.

成本过高问题，印度政府还成立了专门负责清洁发展机制项目的机构——特设国家机构。政府大力推行单边清洁发展机制项目开发时，印度国内的资源开始向该类项目倾斜，研究该项目的部门也持续增加，为印度单边清洁发展机制项目风险控制、成本控制、规模扩展提供了科学理论支撑。同时，印度独特的项目开发模式也改变了发展中国家处于清洁发展机制一级市场的现状，为发展中国家清洁发展机制项目建立二级市场提供了先行经验。

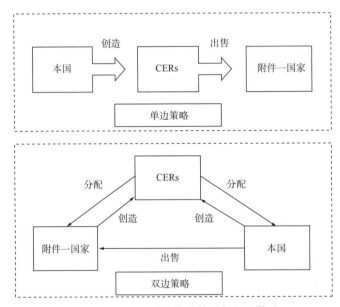

图 5-15　CDM 项目单边策略与双边策略

4. 东盟经验

东盟由包括新加坡、泰国在内的 10 个成员国组成，一体化建设提高了东盟地区在全球范围内的影响力，一跃成为世界第七大经济体、第四大进出口贸易地区。经济规模不断提高产生了严重的环境后果，据《全球生态环境遥感监测 2018 年度报告》分析，东盟地区人为碳排放量较高。为此，东盟采取了不同方式减少地区碳排放量，地区一体化进程的加快也为区域减排提供了贡献。

1）推动区域一体化减排进程

东盟地区碳排放总量呈现以下特点：①碳排放增长量巨大。2001—2006 年，碳排放增长量为 2047.17 吨；2006—2011 年，增长量为 3345.11 吨。碳排放量增速有所放缓，但增长的绝对量仍然很大。②隐含碳排放量占比高，达总排放量的50%；控制性碳排放量和直接碳排放量较小。③农业、核工业、化学制品、零售消费、运输及金融等部门为碳排放重点行业。[①]

　　基于严峻的碳排放形势，东盟地区积极推进碳减排区域一体化进程。为提高政府部门间合作交流效率，东盟国家成立了专门的政府机构，负责东盟区域性统筹管理，这大大提高了东盟地区碳排放管理效率。此外，东盟地区越来越重视环境问题，气候变化问题逐渐纳入东盟峰会和环境部长级会议日程。在东盟领导人的倡议下，成员国通过制定各种总体战略方案和具体行动方案以期解决地区环境问题。为加强区域碳排放管理合作，东盟出台了《东盟气候变化联合声明》《东盟应对气候变化行动计划》等协议，协调了包括能源、林业、农业、交通、科技等部门在内的各方利益，并提供了减排的具体行动方案。此外，东盟环境高官会于2015年9月制定的环境战略计划也大大提高了应对气候变化的地位，所释放出来的信号一定程度上引导资源向节能减排产业转移。

　　借鉴欧盟体系经验，东盟推动区域合作的碳排放管理模式也将收到良好的预期效果。区域一体化合作能够提高资源利用效率，实现资源配置合理性，除了资金流动，人才、技术、设备、信息均可通过合作形式进行共享，这大大提高了地区减排能力，符合 1+1 > 2 的整体观。与此同时，一体化模式也增强了国际谈判能力。虽然现阶段发展中国家还未做出强制性减排承诺，但随着经济发展，碳排放量不断增加、气候逐渐变暖，国际谈判形势越发严峻，发展中国家参与减排也势在必行。区域一体化发展提高了东盟地区影响力，增加了国际谈判的话语权，能够在一定程度上降低地区减排压力。中国靠近东盟各国，且在贸易上有频繁往来，应抓住机遇与东盟各国建立碳交易联系，提高应对气候变化国际能力。

　　2）完善的信息联络网

　　联合国气候变化框架公约秘书处（CNFCCC）作为《公约》最高决策机构缔约方会议的执行机构，在促进全球合作方面发挥着巨大的作用，是各国应对气候变化的合作枢纽。为加强与联合国气候变化框架公约秘书处的联系与沟通，东盟十国均建立了国家联络点，如环境资源部、气候变化司等，主要负责与联合国气候变化框架公约秘书处接洽，就气候变化进行沟通交流，促进国际国内融合发展。

　　东盟地区除了建立对外联络的国家联络点，还建立了对内交流的机构。一是国家气候变化政策机构，二是国家适应政策机构。气候变化政策机构主要负责东

[①] 熊娜，宋洪玲，崔海涛.产业协同融合与碳排放结构变化——东盟一体化经验证据[J].中国软科学，2021（06）：175-182.

盟各国间的沟通交流、国家层面气候变化政策制定和部门协调，是东盟地区协整发展的国家组织群。如新加坡气候变化秘书处、马来西亚的国家绿色科技和气候变化委员会。适应政策机构是各国内部的组织群，主要负责气候变化相关的政策执行，如柬埔寨的环境部气候变化技术工作组、印度尼西亚的环境和林业部气候变化总局。

如图 5-16，联合国气候变化框架公约秘书处国家联络点、国家气候变化政策机构、国家适应政策机构共同构成了东盟地区信息联络网，形成了独具特色的三条网络线路，即国际线路、地区线路和国内线路。层次分明且职责明确的组织结构不仅促进了东盟地区协调发展，还提高了地区与国际接轨的能力，增加了地区整体碳排放管理能力。

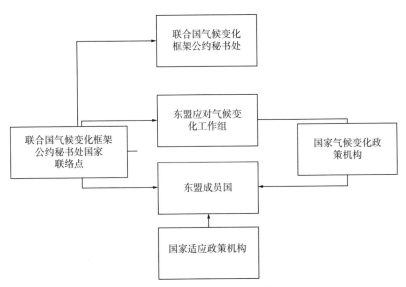

图 5-16 东盟碳排放信息联络网

3) 政策规划及减排目标设定

东盟地区虽都没有强制减排义务，但随着环境持续恶化，减排大势所趋，各国纷纷加入减排队伍，为地区温室气体排放管理制定了详细的政策规划，除缅甸外，其他国家均提出了明确的减排目标。如图 5-17 所示，根据减排目标的侧重点，将各国分为三大类：第一类，基于碳排放强度设立减排目标的国家，包括新加坡和马来西亚；第二类，基于能源消耗量设立减排目标的国家，包括文莱、老挝；第三类，基于排放总量设立减排目标的国家，包括柬埔寨、印度尼西亚、菲律宾、泰国、越南。

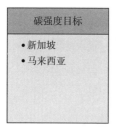

图5-17　东盟三类减排目标

新加坡2012年发布了《国家气候变化战略》，提出包括减少各部门排放量在内的"4个策略"，政府承诺到2030年碳排放强度降低36%，实现碳达峰。马来西亚于2009年通过《国家气候变化政策》，提出"5+43+10"的减排策略，并设立减排目标——到2030年，温室气体排放强度比2005年降低45%，包括35%的国内自主减排量和10%国际合作减排量。按碳排放强度设立目标将重心落在资源利用率上，强调通过提高能源利用效率实现碳减排，有效协调了经济发展与环境保护的矛盾。

文莱和老挝非常重视能源消耗带来的碳排放增量，通过减少能源消耗量、提高可再生能源比重来控制碳排放总量。为有效控制温室气体排放，文莱政府提出到2035年能源消耗量降低63%。老挝政府则通过《老挝气候变化战略》明确了优先减排的部门，通过了《老挝气候变化行动计划（2013—2020年）》，成为减排的具体行动指南。老挝承诺到2030年可再生能源消耗量占能源消耗量的30%。

印度尼西亚、柬埔寨、菲律宾、泰国、越南则将减排目标瞄准到总量控制领域，通过设置总量控制目标为减排提供行动方案。印度尼西亚2007年制定了《国家应对气候变化行动规划》，设立了2020年减排27%的中期目标和到2030年减排29%或通过国际援助达41%的长期目标。除了印度尼西亚设立了分阶段目标外，其他4国的减排目标年限均定于2030年。柬埔寨于2013年制定了《柬埔寨气候变化战略规划（2014—2023年）》，提出通过推动生态恢复、低碳规划等提高其应对气候变化的能力，并承诺实现27%的减排量目标。菲律宾通过《气候变化法案》《国家气候变化战略框架》确定了减排的实施计划，制定了减排量达70%的高目标。泰国、越南政府分别提出降低20%、8%的减排目标，为东盟地区减排做出自主贡献。①

---

① 奚旺，袁钰. 东盟国家应对气候变化政策机制分析及合作建议 [J]. 环境保护，2020，48（05）：18-23.

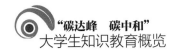
东盟各国虽在减排目标设定上有一些差别，但就应对气候变化整体的政策规划极其相似。首先通过立法强调应对气候变化的紧迫性，其次通过各种制度安排明确减排的行动方案。一方面赋予应对气候变暖强制性执行地位，一方面又规划了具体目标及实现途径，为各部门减排提供了制度保障。

4）自愿减排市场交易活跃

东盟国家参与国际碳市场主要是通过清洁发展机制项目，与发达国家共同开发项目，产生碳信用。但清洁发展机制项目实施的规则和程序非常复杂，烦琐且耗时长。相反，自愿减排市场程序相对简单，成本较低，是个人或企业较好的选择。此外，企业加入自愿减排市场还有利于企业承担社会责任，提高企业社会形象。因此，东盟国家自愿减排市场非常活跃，特别是泰国，在自愿减排市场有丰富的经验。

（1）政府在构建自愿减排市场发挥了重要作用。泰国政府致力于构建强大的自愿减排市场，以为后续对接国际自愿碳减排市场做准备。为此，泰国政府支持建立碳基金，明确碳基金要为自愿减排市场服务，为市场参与者提供资金支持。为鼓励市场主体积极参与自愿减排计划，提高自愿减排市场活跃度，政府还对自愿减排的企业豁免税务。为构建自愿减排市场，泰国政府不仅为企业增加了融资渠道、提供了税收优惠，也保证了碳价格和服务。在政府的重视下，泰国自愿减排市场异常活跃。

（2）在推进自愿减排市场发展过程中，泰国设立了国内自愿减排计划和低碳城市方案。温室气体管理组织制定了各项目的自愿减排计划，涉及的自愿减排项目包括废弃物处理、造林再造林、减少毁林等，厘清了各项目与自愿减排的关系。加强低碳城市计划与国内自愿减排计划衔接，确定了各城市参与自愿减排项目的程序。参与低碳项目的城市首先需要设立自愿减排目标，通过等级、注册、认证合格后，由政府发放自愿减排量。国内计划与城市方案结合，从规划到具体方案，给自愿减排市场参与主体提供了清晰的操作路线，是自愿减排市场不断扩大的制度保障。

（3）自愿减排市场覆盖范围广，且目标明确。碳排放有三大主要部门：工业、建筑和交通。泰国政府在考虑市场主体时，着重考虑了工业和建筑两大碳排放部门，将各部门所在的所有行业均纳入自愿减排市场中，覆盖范围非常广。在设立减排目标时，方法非常明确，以参与计划的主体发行的目标基线为准。企业可通过目标基线获得碳信用来抵消碳排放，排放超过基线的参与者需向有富余碳信用的参与者购买碳信用。

（三）其他典型国家经验借鉴

澳大利亚和新西兰在碳排放管理方面也为全球提供了丰富经验。特别是新西兰，与大部分国家不同，新西兰工业占比较少，支柱性产业是农牧业，控排重点落到农牧业上，这为全球农业部门减排提供了借鉴。

1. 澳大利亚经验

1）强制的碳市场法律体系

澳大利亚政府作为《京都议定书》第 2 承诺期附件一的国家，较早开展了各种探索活动，加快了碳排放权交易市场的形成。2008 年，陆克文政府提出《碳污染减排日程法案》，计划建立全国范围的碳交易机制以应对日益严峻的气候变化问题，由于国内阻力较大，该法案频频被搁置。直至 2011 年，政府通过了《清洁能源未来计划草案》，同时颁布了标志着碳排放权交易市场形成的法律基础《清洁能源法案》。该法案明确澳大利亚减排目标——以 2000 年碳排放量为基数，实现 2020 年实际排放降低 5% 的目标。《清洁能源法案》明确承认碳排放权是属于个人拥有的私有财产[①]，且在碳排放总额配置、覆盖范围、履约和惩罚等方面都做出了相关制度安排，其出台为澳大利亚建立全国范围统一碳交易市场提供了强制性保障，拉开了未来清洁计划的序幕。此外，包括《碳信用（低碳农业倡议）法案 2011》《国家温室气体与能源报告法案 2007》《可再生能源（电力）法案 2000》《澳大利亚国家排放单位注册法案 2011》在内的法案均对碳市场形成起到不同程度的支撑作用。

2）渐进式碳市场价格机制

澳大利亚政府为成功推进碳排放权交易机制形成，采用了两阶段定价模式：2012—2015 年为第一阶段，采取固定碳价方式，即初始价格按照定价时欧洲市场 3 个月的平均碳价格，固定为每吨 23 澳元，此后每一年涨幅均固定为 2.5%[②]。固定碳价格一定程度上防止了信息不对称带来的风险，减少了交易主体的成本，为初期碳市场顺利运行提供了保障。固定碳价虽在初期具有良好效果，保证了碳市场的基本运行，但过高的定价模式直接增加了企业成本，并最终转移到消费者身上，造成了不良的经济社会后果。为此，澳大利亚政府于 2004 年废除《清洁能源法案 2011》，并通过《清洁能源法案 2014》，澳大利亚开启了约束性浮动价格的第二阶

① 王慧.论碳排放权的法律性质 [J].求是学刊，2016，43（06）：74-86.

② 穆丽霞，周原.域外碳排放权交易机制考察及其对中国的启示 [J].世界农业，2013（05）：96-98.

段。2015—2018 年，政府为碳价设立了最高价格和最低价格，允许在价格区间内进行交易。按规定，每吨碳价格上限为国际期待价格加 20 澳元，且每年涨幅为实际交易价格的 5%；下限则为 15 澳元，每年按实际价格的 4% 增加。澳大利亚政府为促进碳排放权交易市场的形成，采取了宏观调控手段与市场手段结合的方式。一方面，设立浮动价格能够发挥价值规律作用，促使碳排放权这种新型资源的合理配置，以实现资源的最大化利用，促进社会经济转型；另一方面，为防止市场失灵，政府又采用了调控手段，设置了碳价的上下限，为整个碳交易市场合理运行提供了强有力的制度保障[①]。

3）绝对的减排总量控制与灵活的排放权分配

澳大利亚政府在碳市场形成初期，即固定碳价时期，并未设定绝对的减排总量，也没有设定碳单位的上限。在排放权分配方面，以免费发放碳单位为主。据了解，高排放强度行业，免费配额比例为 94.5%，中排放强度行业，免费配额比例为 66%。被纳入交易体系的企业根据上一年实际排放量进行履约，若企业实际碳排放量超过分配的碳单位及其他核证的减排信用，则需要通过政府购买固定价格的碳单位用以抵消超出的排放量。不设减排总量及免费分配碳单位的方式显然是初期探索手段，并不能有效地控制温室气体的排放量。为此，澳大利亚政府在浮动价格期间开始设置绝对的排放总量，在此基础上也设定了碳单位的分配总额。同时采取了免费分配和拍卖两种方式，约一半配额用于免费分配，以提高企业减排积极性，剩下部分通过拍卖方式激发参与主体的积极性[②]。并逐步减少免费分配的比例，取消免费分配，达到完全有偿，实现环境问题外部性的内部化转变。

4）严格的履约机制

澳大利亚排放体系涉及的主体包含了全国 60% 的排放量，约 3.28 亿吨 CO_2 当量。覆盖领域包括农业、电力、石油、天然气、交通运输、垃圾填埋等，包括 500 家能源污染企业、70 家钢铁和机械制造业。为提高企业履约效率及促使碳排放量的减少，政府设立了两个主要部门用以直接管理碳排放事务——气候变化与能源效率部、清洁能源管理局。监管部门是控排企业的直接负责部门，主要负责企业的履约义务，共同维护碳市场合理运行。两主管部门作为各个法案的具体实施主体及市场运行的中坚力量，各司其职，为碳市场合理运行提供了组织保障，其主要职能如图 5-18。

---

① 屈志凤.西方国家碳排放权交易体系及借鉴 [J].财会通讯，2014（06）：123-125.
② 梁悦晨，曹玉昆.澳大利亚碳排放权交易体系市场框架分析 [J].世界林业研究，2015，28（02）：86-90.

　　澳大利亚在企业履约方面有严格的制度安排，包括惩罚制度和补偿制度。固定价格期间，澳大利亚政府每年固定时间公布上一财政年度的碳排放量，企业需在一段时间内履约，到期未履约者接受配额碳价的 1.5 倍罚款。部分未履约企业将对未履约部分进行 1.3 倍的罚款。在浮动价格期间，每超标一个单位 CO_2 排放量将受到 11.5 澳元的罚款[①]。除此之外，碳单位使用更加灵活，允许储存和租借，政府明确规定租借额度不超过租借年度总量的 5%。严格的惩罚制度增加了企业排放成本，对企业碳排放产生较强的约束力。

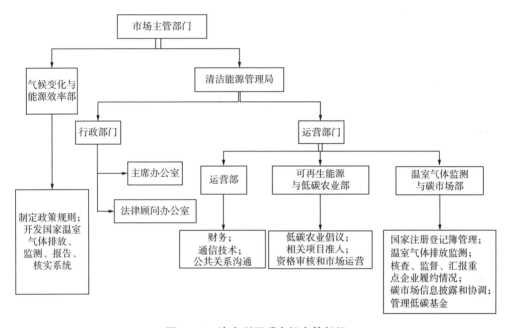

图 5-18　澳大利亚碳市场主管部门

　　除此之外，为实现整体上的碳排放量减少目标，澳大利亚政府设计了补偿制度，用以激励企业减排。政府承诺将碳税收入的 2/5 用于产业扶持和保障就业，提出对火电厂商提供 73 亿澳元免费许可证，并将对排放量大的企业提供 92 亿澳元的援助，确保这些行业竞争力不受损。惩罚与补助并行的制度安排为企业减排创造了合理空间，是企业履约的强有力手段。

　　5）完善的信息与交易系统平台

　　澳大利亚在碳排放管理及碳市场运行方面主要有两大信息系统，即国家盘

---

① 刘佳宁 . 国际碳减排社会化制度创新回顾与借鉴——以排放权交易为视角 [J]. 广东社会科学，2012（04）：221-226.

查与汇总系统（NIS）和碳排放单位登记簿系统（ANREU）。为提高温室气体排放数据的准确性与可靠性，澳大利亚政府研发了国家盘查汇总系统，以政府名义集中收集汇总信息，并于每年4月发布《国家盘查与汇总报告》。国家盘查汇总系统由两个子系统构成——NGER和AGEIS。NGER是企业强制汇报系统，该系统要求温室气体排放量达到一定标准的企业每年上报能源生产、消耗（即排放）情况。上报的标准包括CO_2排放量达2.5万吨和每年生产或消费能源100万亿焦耳的单一设施企业；2008—2009年，每年排放CO_2达125万吨和每年生产能源500万亿焦耳或消费能源350万亿焦耳以上的企业集团。AGEIS系统涉及的数据更广泛，除了NGER系统涉及的主体汇报数据，也包括未强制要求上报的企业，除了工业部门，还包括农业在内的其他国民经济部门。碳排放单位登记簿系统是澳大利亚政府建立的碳交易系统，主要用于碳单位的发放、持有、转移、交易等。登记簿系统最初随《京都议定书》产生，其设计目的是解决《京都议定书》中配额单位（AAU）的管理问题。发展至今，登记簿系统处理的碳单位逐步扩大，包括配额单位、核证自愿减排单位（CER）、低碳农业倡议项目产生的信用单位（ACCU）、清洁能源管理局发放的减排信用（CU）等。

6）灵活的碳税制度

澳大利亚虽然排放总量不算最高，但其人均碳排放却居于世界前列，为此政府决定采用征税方式倒逼企业节能减排、实现产业升级。2012年，澳大利亚政府通过法案强制征收CO_2排放税。征税对象包括能源、运输、垃圾填埋等行业，总共涉及500家企业，涵盖了澳大利亚60%的碳排放量。澳大利亚在征收碳税时采取了动态碳税制度，最初每吨碳征收23澳元，往后每年增加2.5%，到2015年7月，税率已增至25澳元/吨。为了使碳税制度能够推行，澳大利亚政府做出了多项努力。首先针对企业实行"产业援助计划"，将约50%的碳税收入投入到稳定行业和就业中，同时建立能源安全基金保证高能耗、高排放企业顺利转型；其次为减轻家庭和个人生活成本，澳大利亚政府采取了"家庭援助计划"，对900万个家庭进行了全部或部分减征、免征碳税措施，减免了家庭交通燃料、商业交通燃料等税收。不过，阿博特曾在大选时承诺废除碳税以减轻企业和个人成本，此举受到了强烈支持，最后碳税在澳大利亚废除。虽然澳大利亚废除了碳税，但碳税作为一种碳排放约束机制也有它的固定作用，不仅增加了政府财政收入，还抑制了碳排放，促进了企业产业结构调整，其在节能减排方面的作用不容忽视，澳大利亚的碳税制度可为我国建立碳税制度提供经验。

2. 新西兰经验

新西兰作为《京都议定书》第 1 承诺期附件一的国家，在碳排放管理上有明确的目标。新西兰政府承诺在 2012 年前完成温室气体总量控制，即排放量为 1990 年 3566 万吨 CO_2 当量。新西兰政府为完成第一承诺期目标，将碳排放管理分为三阶段，均以 1990 年碳排放为基准。短期目标是稳定碳排放水平，将近期碳排放量控制在 1990 年水平；中期目标是到 2020 年减少 20% 左右的排放量；长期目标为在 2050 年减少 50% 排放量。为此，新西兰政府成立了新西兰碳排放交易体系（NZ-ETS），旨在通过市场化手段解决环境外部性问题。以下是新西兰政府在构建碳排放权交易体系中产生的先行经验。

1）法律体系保障

新西兰政府历来是应对全球气候变化的积极参与者。早在 2002 年，新西兰便出台了《气候变化应对法》，将环境问题法律化，专门用以应对气候问题。此外，政府先后对该法修订 4 次，以应对新出现的环境问题。其中，2009 年第三次修订的《气候变化应对（适度的碳排放交易）修订法》对碳排放权性质进行了明确规定，将碳排放权归属于个人财产概率。该法律明确了碳排放权的私人财产性质，解决了环境公共产品属性带来的外部性问题，将环境外部性问题内部化。除此之外，新西兰作为《京都议定书》第 1 承诺期附件一的国家，积极响应国际法《联合国气候变化框架公约》《京都议定书》，国际法与国内法共同构成了应对气候变化、减少温室气体排放的法律框架。

2）混合式配额分配及多渠道碳信用获取

新西兰碳排放权交易体系被称为 NZ-ETS，交易的配额被称为 NZU。早期阶段，主要以免费方式分配给控排企业，此后免费额度比例逐步下降，直至完全有偿。在具体行业配额分配中，新西兰政府主要考虑三点——行业所占经济总量、碳排放总量、是否面临国际竞争压力。对于经济总量占比高、碳排放量大、面对较大国际竞争压力的企业，国家通过测算历史排放量及其排放强度，确定分配额度，实施免费配额制度。如碳密集型出口工业、渔业和林业均获得 90% 免费配额，2016 年开始每年减少 1.3%。其他生产部门则需要从市场或政府手中购买碳信用。除政府配额外，企业可通过技术改造降低碳排放或通过各种国内减排项目获得碳信用，如通过林业碳汇项目实现排放额抵消。除此之外，新西兰碳排放交易体系随着国际气候谈判进程发展，碳市场体系与国际接轨程度高，企业可通过 NZ-ETS 直接购买国际碳信用用以抵消配额不足问题。混合式配额分配方法和多

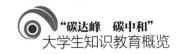
渠道的碳信用获取方式不仅能够引导资源流向资源节约型、环境友好型企业，还能提高全球应对气候变化的综合协调能力。

3）稳定交易价格

《京都议定书》的第一承诺期是新西兰政府进行碳排放权交易市场体系运行的过渡期。从 2008 年开始，新西兰便确定了一个碳信用单位代表了 1 吨 CO_2 当量。为防止碳市场价格波动大和市场投资行为对企业造成高额的成本，政府设定了固定价格，1 个碳单位（1 吨 CO_2 当量）25 新元[①]。为鼓励企业积极响应号召，提高碳排放权管理的工作效率，政府还规定了一个碳信用单位实际可抵消 2 吨 CO_2 排放量。此举大大鼓舞了控排企业，减轻了企业减排成本，为后续逐步推进碳排放权市场运行提供了支持，维护了初期碳市场的稳定性。

4）完善的履约机制

新西兰政府着重在两方面促进控排企业履约，即完善的监管部门和严苛的惩罚制度。

在第一承诺期间，新西兰碳排放交易体系主要由经济发展部、环境部、农林部三部门共同管理。林业在新西兰属于最大增汇部门，由农林部开展专项负责，其他经济部门则主要由前两个机构管理。具体责任范围如下：经济发展部门主要负责国家登记系统管理，除林业以外的进入者资格审查及碳市场运行监管等。环境部主要负责法律法规修订、除林业外的配额管理等。农林部主要负责林业相关政策、配额、交易、审查、监管等方面工作。环境部于 2011 年设立的机构环境保护局接管了经济发展部和环境部门的职责，与农林部形成了两大主要监管机构。

截至目前，新西兰已经建立了一套完善的监管机制。减排单位登记系统对数据的监测能够让政府公众进行监督；独立的审计机构保证了企业报告的真实性；专门的数据库汇总提高了后续跟踪能力。除此之外，政府对未完成任务的企业也出台了严格的惩罚措施。在进行清缴时，若企业超出配额或没有购买足够的碳信用用以抵消其多出的排放量，则超出部分需缴纳每吨 30~50 新元罚款，或者缴纳 2 倍罚款[②]。完善的监管机构、监管流程及惩罚制度增加了控排企业无规则排放的成本，促使企业进行自我完善自我升级，改善企业碳排放状况，也促进了碳排放

① 王祝雄，吴秀丽，章升东，等 . 新西兰碳排放交易制度设计对我国林业碳汇交易的启示 [J]. 世界林业研究，2013，26（05）：81–87.

② 周丽，段茂盛，庞韬 . 我国碳排放权交易遵约机制的关键问题探析 [J]. 生态经济，2013（06）：58–61.

权交易市场的运行。

5）逐步扩展覆盖范围

新西兰政府计划从 2008 年开始，经过 7 年时间，将国内所有经济部门分批次纳入碳排放交易体系。使各行业能够在相对充足的时间内，积极融合到减排计划中，改变新西兰人均碳排放过高的问题。新西兰碳排放交易体系覆盖范围扩张分为 4 个阶段，如图 5-20 所示。

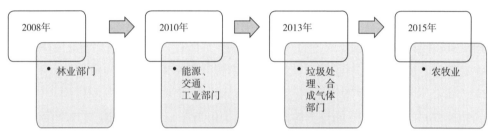

图 5-20 新西兰碳排放管理覆盖范围

政府最初将林业纳入碳排放交易体系在于新西兰独特的地理气候条件所蕴含出的植被的丰富性。森林资源是公认的减排潜力大、成本低、效益高的资源，据资料显示，2009 年新西兰达 1/4 的温室气体排放量被森林碳汇抵消。新西兰丰富的森林植被形成了现有的碳汇库，是实现减排目标的关键一环。因此，新西兰首先将林业纳入交易体系中。

除此之外，农牧业作为新西兰支柱性产业，同时也是最大的碳排放源，2009年排放量占到全国温室气体排放总量的 46.5%。其他诸如能源、工业部门虽然也有碳排放高的部门，但由于占比不高，便先于农牧业纳入交易体系，然后分阶段将各部门纳入体系中，主要在于减少碳排放管理对经济产生的不利影响。对于占比较小的排放源部门，能够较快实现改革，阻力小，对经济造成的影响较小；支柱性产业是国民经济命脉，激进的转型或改革可能使经济大伤元气，因此留有足够空间进行路径选择是比较理性且合理的方式。

6）林业减排政策

由于森林资源丰富的碳汇能力，新西兰首先将林业纳入碳排放权交易系统。新西兰政府在森林碳汇方面采取两种管理模式——以 1990 年为界限，1990 年之前的政策着重保护林地不被损毁或变为非林地；1990 年之后着重在造林增汇方面。1990 年之前的天然林并不能纳入碳排放权交易体系中，人工林参与碳交易体系。2008—2011 年，人工林所有者可自愿申请领取碳配额。据了解，在《京都议定书》第一承诺期间，新西兰政府免费分配了5500万个碳信用单位。对早期的森林资源管理主要在于减少土地利用变化，因此申请免费配额时也有一定限制。以林地面积和毁林面积为标准，具体规定如下：①毁林面积大于2公顷，林地所有者不能领取免费配额，且需通过市场购买相应碳信用抵消毁林带来的碳汇量的减少和碳排放的增加；②未发生毁林现象，林地所有者有两种选择方式。其一，领取免费配额，成功后，一旦发生毁林面积大于2公顷，不仅要接受上述购买碳信用抵消的方式，还须全额退还免费配额；其二，林地面积小于50公顷的所有者为规避风险，可申请免责条例。即一旦未来发生毁林，退还配额外无须再购买碳信用单位用以抵消毁林带来的碳汇减少或碳排放增加。灵活的配额发放模式为林地管理有效性提供了保障，免费配额提高了林地所有者的参与性，惩罚制度减少了人为毁林的可能性，免责条件又保障了小面积林地所有者利益，全方位的制度安排使林业碳汇项目实施阻力减小。1990年后的林业碳汇管理更加注重增汇，针对的森林资源为人工林。对这一阶段的人工林，政府并不再免费发放配额，而是通过碳汇量测算发放碳信用，人工林碳汇量多少决定碳信用单位量。在这一阶段中，人工林所有者可自愿加入碳排放权交易系统。一般来说，如对木材的预期收益要小于碳汇收益，则所有者将自愿加入碳市场。一旦加入碳市场，林地毁坏也将通过惩罚或购买足额碳信用单位抵消。

1990年前后的参与主体有一定的差别，1990年的森林资源主要为天然林，参加碳市场的主体主要为林地所有者。1990年后的人工林项目参与者可能是林地所有者，也可能是森林所有者，被纳入碳市场交易体系的企业通过造林抵消碳排放量，旨在通过灵活的管理方式，保护森林逐步扩展以增加森林面积，应对日益变化的环境问题。

此外，新西兰在林业碳交易管理方面出台了多项技术指南，为该行业提供了技术指导，包括《林业参与碳排放贸易计划指南》《林业参与碳排放贸易计划土地分类指南》等，在碳交易流程、碳交易规则方面提供了具体的操作指导。

新西兰政府对林业参与碳市场的详细制度安排，使林业碳汇项目获得较大成果，据统计，2010年，新西兰碳市场交易中，林业类交易比重达64%，成为碳市场最大交易量的碳汇产品。

7）农牧业减排政策

农牧业是新西兰的支柱性产业，同时也是最大碳排放部门。农牧业碳排放主要来源于家畜反刍、排泄物挥发、氮肥使用方面，所产生的温室气体量约占农业总排放量的 66.67%。据统计，2009 年，农牧业碳排放量占全国排放量的 46.5%。农牧业纳入碳排放交易体系对解决新西兰过高的人均碳排放量至关重要，既能够实现减排，也能促使农牧业升级转型。新西兰不同于其他国家，由于农牧业是支柱性产业且排放量大，所以关注的重点碳排放企业并未侧重于高耗能行业，如钢铁、建筑、化工等部门。因此，新西兰在农牧业碳排放管理方面有着独特的经验：首先，新西兰政府开征了特殊税种——牛羊废气税。牛羊废气税要求饲养家畜的农场主缴纳一定的税费，用以抵消家畜带来的温室气体排放量。征收到的税费专款专用，用于农业排气研究机构各种科研活动。税收制度每年为新西兰政府征收到 840 万新元，对农牧业减排提供了较大的资金支持。同时，为减少农牧业成本、提高企业竞争力、应对国际竞争，新西兰政府同样给予农牧业免费配额、补贴等措施，防止碳排放管理给支柱性产业带来不良影响。激励机制与约束机制并行的方式促使农牧业碳排放管理步入正轨，在保障农牧业参与者利益的同时，也促进了全国碳排放总量控制目标的实现。

农牧业作为新西兰支柱性产业，GDP 的占比和碳排放占比较大，新西兰为稳定经济，将农牧业碳排放管理放缓，一开始选择经济影响较小的部门。这种处理方式给碳排放管理提供了新视角，给重点排放企业同时也是经济支撑的行业提供一定缓冲期，循序渐进地提高减排标准，既保持了经济增长速度，也能促使碳排放与经济脱钩。我国经济支柱为工业部门，同样面临经济增长与减排的矛盾，妥善处理才能保证国民经济良好运行。

（四）小 结

综合欧盟、亚洲一些国家以及美国、澳大利亚、新西兰碳排放管理经验，归纳出以下几点普遍性经验。

（1）国际社会就应对气候变化达成共识，出台了相关法律法规，构成了碳排放管理的法律体系。法律是由国家制定或认可的，以国家强制力保证实施的，法律是碳排放管理最强有力的武器。法律具有的强制性对企业行为起到重要约束作用，特别是在环境治理方面，法律缺失导致企业追求短期利益，严重威胁到环境承载力。纵观各国在应对气候变化过程中，都制定颁布了相关法律法规。除此之外，国际社会在颁布相应法律法规时，充分考虑了各国法律法规的协调问题，避免因制度冲突引起管理混乱。同时，各国法律制定非常详细，包含了温室气体控制的方方面面，详细的条文规定使其执行具有可操作性，更能指导企业行为，减

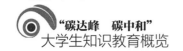

少可能出现的法律漏洞问题。由于我国进行碳排放管理的时间较晚，法律法规方面还不完善，尚未形成一套成熟的法律体系。且在制度设计过程中存在冲突，需要进行协调，如污染物排放和碳排放协调问题。国家层面应该制定更为详尽的法律法规，完善《中华人民共和国应对气候变化法》，地方政府也要依据国家法律法规制定具有可操作性的本地法律法规，各行业组织也要制定行业标准、技术，监督等碳排放问题。

（2）管理机构设置合理、责任清晰、建立严格的监管机制。碳排放管理制度的实施需要依靠机构的合理设置，设置主管部门及各职能部门能为制度的实施提供执行力保证。在机构设置基础上明确责任分配，能够对各管理部门起到督促作用，增加管理效率。碳排放管理涉及国家发展改革委、自然资源部、生态环境部、国家林草局等部门，厘清各部门职责、设置专门管理机构对碳减排意义重大。此外，为提高减排能力，还应建立严格的监管机制，形成部门监管、第三方监管、社会监管协同的监管模式。为保证监督机制有效性，还应增加惩罚机制，通过提高企业违约成本倒逼企业减排。当前，我国在碳排放管理方面责任划分不清、机构设置不明确，运行模式存在一定的低效性，明确各部门职能是法律法规得以有效运行的基础。其次，我国在碳排放管理方面应加大惩罚力度，建立包括约谈、罚款、关停等在内的惩罚机制，通过负强化使企业重视碳排放管理，减少国家温室气体排放量。

（3）合理运用市场激励型环境规制。市场激励型环境规制工具包括碳税和碳排放权交易机制，旨在通过价格信号引导企业节能减排。碳税来源于英国经济学家庇古提出的"庇古税"、碳排放权交易依据科斯的产权定理理论，两种方式都是为解决环境外部性提出的碳定价方式。两者在运用中要注意协调，避免造成重复付费的情况。重复付费加重企业负担，不仅造成制度实施的困难，对国民经济也会造成不良影响。2011年，中国在北京、天津、上海、重庆、湖北、广州及深圳7个省市启动了碳排放权交易试点工作，为建立全国统一碳排放交易市场积累经验。2017年，经国务院同意，国家发展改革委印发了《全国碳排放权交易市场建设方案（电力行业）》，标志我国碳排放交易体系总体设计正式启动。但目前我国尚未建立碳税制度。欧盟实践发现，碳税与碳排放权交易制度并不冲突，且减排效果良好。我国在汲取发达国家减排经验后，建立碳税制度的呼声越来越高。因此，要充分考虑碳排放权交易和碳税协调问题，从制度建立初期就应合理规划双方的覆盖范围，提高环境规制工具的协同效应。

（4）在总量控制下，实现配额分配方式的转变。总量控制被证明是最有效的碳约束机制，通过控制排放量达到减排目的。即使是拥有成熟减排经验的欧盟，在初期进行碳排放管理时也遭遇了低谷，原因在于欧盟并未设置配额上限，即并未使用总量控制方法约束企业温室气体排放问题。过度的发放导致碳排放权价值急速下降，一度降至 0 欧元 / 吨。作为后行者，中国要汲取国际实践经验，设置碳排放上限，严格管理配额，保证碳排放权的稀缺性。同时，为提高碳排放权价格引导力，国家普遍从免费配额向有偿转变，拍卖份额逐渐增多。当前，中国处于碳排放权交易体系形成初期，可以通过免费分配的方式吸引更多参与者，但在配额分配时要注意数量。同时，要逐步完善拍卖制度，循序渐进地提高配额拍卖份额，从而依靠市场手段调节价格，实现资源合理高效配置。

（5）实施激励举措，保障碳排放管理顺利开展。激励是保证个人持续某种行为或消除某种行为的方式，激励包括正激励和负激励，正激励就是当一个人的行为符合组织的需要时，通过奖赏的方式来鼓励发扬这种行为；负激励就是当一个人的行为不符合组织的需要时，通过制裁的方式来减少或消除这种行为。各国在实现减排目标时，充分运用了激励机制，通过减免税收、补贴、罚款等方式规制企业碳排放行为。我国在设计实施减排计划中，要综合运用各种激励措施。首先，监管机构要明确各企业的碳排放状况，对于达标的企业采取税收优惠、补贴等措施提供正激励，强化企业清洁生产行为；对于不达标的企业征收排放税或罚款，减少违约行为。其次，政府可成立专门的税收或罚款账户，专款专用，将收入用于企业扶持。对于使用清洁能源或改进技术的企业提供一定的资金，引导企业设备升级、能源转型，激励企业投入到碳减排行列。

（6）以《京都议定书》为指导，建立国内碳排放权交易体系，并逐步与国际市场接轨。《京都议定书》是气候变化管理的国际公约，规定了各发达国家强制减排义务及各种履约机制，碳排放交易体系建立之初便以该议定书为框架，能更好与国际接轨，为全球碳交易做好充足准备。同时，在碳排放交易国内市场不断完善的过程中，也要逐步与国际接轨，通过开放国际碳信用交易完成碳排放跨区域协调。当前中国主要以清洁发展机制项目参与国际碳市场，虽然中国是最大的清洁发展机制提供方，但由于依赖国外市场，清洁发展机制项目产生的价值也非常低，中国没有制定规则的权力。因此，积极开展国内市场与国外市场对接，占取重要的市场份额，能够提升国家在碳排放权交易体系中的话语权，进而提升国际气候变化谈判能力。

（7）采用循序渐进的方式扩大管控范围。国外在进行碳排放管理时，通常将高能耗、高排放企业纳入范围，如欧盟和美国，首先将钢铁、化工、冶金等行业纳入控排名单。这类能源密集型企业是温室气体排放的主要来源，同样也是引起全球气候变暖的主要因素。因此，在碳排放管理初期要重点考虑这类企业。值得注意的是，管理要采用循序渐进的方法，给企业一定适应期。一般来说工业化国家的支柱性产业大多为能源密集型产业，特别是中国，工业是国民经济的支柱，激进式管理会对经济造成很大影响。因此，需要主管部门设计合理的方式，如完善初期配额制度，给予企业缓冲期。管理能源密集型企业是减排的重点任务，但仅仅管控这类企业也很难完成国家减排目标，工业活动过程、土地利用变化、居民消费过程都会产生碳排放。因此，要高效减排还应逐步纳入各行业各部门，从重点管控企业逐步过渡到全民参与式。在这点上，日本的经验非常丰富，如日本实施的"碳积分"制度，激励了居民减排，提高了整个国家应对气候变化的能力。

（8）森林碳汇成为国家减排的重要手段。控制温室气体排放除了通过减少排放源方式，还有增加碳汇的方式。通过造林、恢复生态系统等方式，可以增强陆地的碳吸收量，缓解气候变暖。除此之外，通过森林资源的保护和增加，有利于改善环境质量，提高整个社会福利。同时，森林资源的利用也能触发其他效应，如提高农村居民收入，解决贫困问题，减少城乡之间的差距等。当前我国生态补偿制度效用较低，导致森林资源难以得到很好的保护。通过碳汇项目方式，一定程度上完善了补偿制度的不足，提高了林农收入，对森林资源可持续性发展提供了有利的经济手段。森林碳汇项目所产生的减排效益、生态补偿效益、社会福利效应促使各国纷纷采用该减排模式。我国森林资源丰富，具有发展森林碳汇的良好物质基础。应加快制度建设，引导资金流向森林碳汇项目，增加碳汇吸收能力。考虑到森林碳汇项目投资期较长，且容易发生不可抗力风险，政府应引导金融机构创新，提供可以对冲风险的金融产品，增强市场信心。

中国"碳达峰、碳中和"政策和路径选择

"十四五"时期,中国生态文明建设目标已经进入以降碳为重要战略的方向、降污提效协调推进、经济社会全面可持续发展,提高生态与环境品质从量变到质变的重要时刻,各行各业进入高质量发展的新阶段。全国范围内要落实"碳达峰、碳中和"目标,要积极作为,准确且全面落实新发展理念,积极采取有力措施,从政策制定、路径选择两方面提升领域发展水平,在降低 CO_2 排放总量的同时,逐步实现行业绿色低碳循环发展;科学谋划实现我国"双碳"目标的路径和方案,还要基于整体和局部产业发展、长期与短期发展相结合,在注重整体能源结构转型的同时,清楚行业碳排放差异,对症下药,实施有差异的策略,以局部带动整体,推动全国"碳达峰、碳中和"如期实现。

(一)中国"碳达峰、碳中和"政策

早在 2005 年的国家"十一五"规划大纲中,中国就已明确提出了节能减排的要求。2015 年 12 月召开的巴黎会议上,习近平主席向全球承诺:2030 年我国 GDP 单位碳排放量将相比于 2005 年减少 60~65 个百分点;到 2020 年 9 月,习近平主席在第七十五届联合国国际会议一般性辩论上指出:中国力求于 2030 年前 CO_2 排放总量达到峰值,力求 2060 年前达成"碳中和"。着力完成"碳达峰、碳中和"目标,是以习近平总书记为核心的中共中央在统筹协调国内国外两个大局的前提下作出的重要战略部署,是推进经济社会绿色发展转型的战略安排。"双碳"工作目标明确后,相关部门以习近平新时代中国特色社会主义思想为行动指南,提出系列政策性文件和规范性标准,积极推动"碳达峰、碳中和"目标的落实。在生产环节,矿采、石油化工、电力能源部门、建筑行业、交通运输等属于碳排放的主要部门,需推进市场化的减排机制体制建设,农林生产领域则需明确碳源和碳汇,积极开展碳汇交易,对生态环境作出牺牲的行业、个体开展生态补偿。除此之外,完善绿色投资、发展绿色金融、推动税收减免等措施都可保证生产端低碳发展运行;消费领域,鼓励消费主体主动选择低碳产品,推动城乡绿色发展、建筑用能消费、能源结构优化、资源

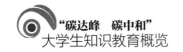
循环利用体系构建等以推进全国"双碳"战略目标。

1. 中国"碳达峰、碳中和"生产领域政策

切实推进"碳达峰、碳中和"战略目标落实，是国家贯彻新发展理念的具体举措，发挥好我国的制度优势，不断加强顶层设计，政府和市场"双向发力""协同作用"，基于政策正向引导，以市场化、社会化、多元化方式真正保障"双碳"战略目标如期实现。瞄准重点排放行业，加快节能减排、降碳升级的同时，以绿色投融资保障、税收优惠措施、市场化交易体制构建、统一"双碳"核算的方式方法等主动探索低碳绿色循环发展政策。

1) 完善绿色投资、绿色金融政策；以财税优惠助力生产端"双碳"落实

政府部门应以"双碳"推进的关键时间点为引导，制定落实与"碳达峰、碳中和"目标相匹配的投资、融资与财税优惠政策，彻底盘活企业主体绿色发展动力。"双碳"目标下绿色投融资政策和财税优惠的协同演进，一方面可以促进生产领域中企业绿色低碳化和可持续发展，另一方面绿色投融资项目的开发与财税优惠举措会让企业在市场竞争中占据优势，具体实施路径如图6-1所示。

第一，探索符合"双碳"发展目标的投资政策，着力推动绿色金融产品及衍生品开发。绿色资金目前在使用上大多集中在基础设施绿色改造，还有部分投资于清洁能源研究，关于低碳设计、低碳技术研究的资金投入较少。后期在探索与"碳达峰、碳中和"相匹配的投资政策时，应倾向碳捕捉和碳封存技术研发、森林碳汇和农地碳汇的计量、水循环电循环设施建造、固体废弃物处理等领域。绿色金融是金融机构在运行过程中积极支持企业团体节能减排为目的的融资，我国绿色贷款、绿色基金、碳金融等绿色金融产品已基本建立起来，鼓励开发性与政策性的金融机构在基于法治化的基础上研究开发多样化的金融产品，为"碳达峰、碳中和"项目的推进提供稳定的融资保障。此外，绿色金融在发展过程中信息披露和部门监管是至关重要的。中国人民银行和相关监管机构需积极完善金融机构信息披露制度，鼓励金融机构对碳减排发放的贷款金额、资金用途做定期披露。同时，还需要引入第三方专业团队对部分贷款金额做核证，坚决杜绝"挂羊头卖狗肉""洗绿"等行为的发生，切实保证绿色专项资金真正用于绿色设施建造、绿色产品开发上。

第二，有效推动低碳产业的发展，财政支持极为重要。首先，在税收优惠方面，对节能减排企业实施企业所得税优惠或减免。对从事环境保护、能源开发的企业在相关环节的增值税征收上可以实行"先征后返""即征即返"政策，落实

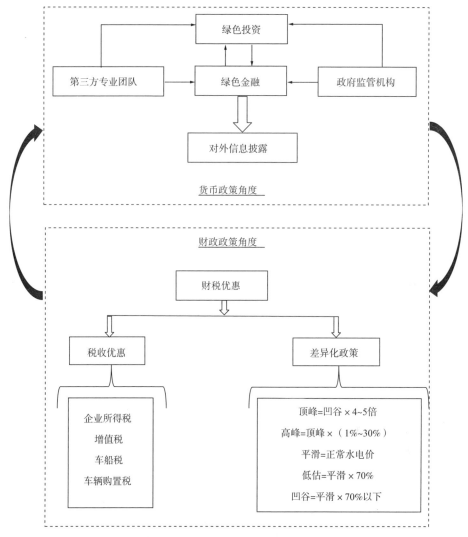

图 6-1　"碳达峰、碳中和"财政政策和货币政策实施路径

好节能节电、新能源汽车车船税、车辆购置税的减征或免征，鼓励企业开展产业升级转型；其次，电价、水价实行分时分段征收模式，对高耗高排企业实行"加价征收"。即将每天 24 小时分成不同的收费时间段，基于大数据监控，按照水电使用量的不同将一天分段成为用能顶峰、高峰、平滑、低谷、凹谷等。在收费制定上，顶峰时间段为凹谷的 4~5 倍。高峰则在顶峰的基础上下降 30% 左右。平滑时间段则按照正常水电价格，低谷和凹谷时段的水电价格则为平滑段的 70% 左右。水电价格的差异化征收是以市场手段鼓励消费者节能减排，更重要的是实

现生产端资源的合理高效分配。对于高耗重排企业的水电费则直接按照高峰和顶峰时段价格征收。长期不主动节能减排和降碳增效的企业，政府部门在顶峰的基础上继续上浮 10 个百分点收费。生产领域实行这样的政策可以实现公共资源的高效合理使用，同时，"倒逼"生产端企业主动节能减排，提升行业可持续发展能力。

2）构建市场化交易体制机制，建立健全农林业碳汇交易市场和生态保护补偿机制

以市场化的手段建立和完善林业与农业碳汇交易市场对于我国生态文明建设的推进和"碳达峰、碳中和"目标的落实有积极意义，有数据研究表明我国耕地和森林的固碳潜力巨大[1][2]，并且长时间范围内都表现为净碳汇。农林和林业碳汇交易市场的有效构建、生态保护补偿机制的完善可以切实提高农民收入进而激发其积极性，从根本上提升全国农业和林业碳汇能力，有效清除大气中的 CO_2 等温室气体，助力"碳达峰、碳中和"战略目标如期达成。

第一，农业和林业碳汇交易市场构建方面，建立完善农林业碳汇市场，以社会化、市场化、多元化方式助力低碳目标发展。要建立农林碳汇交易市场，首先，在全国范围内测算主要农作物生长过程中碳排放量和固碳数量以及我国森林固碳量，探索农业实现净碳汇时的最优生产规模。森林固碳方面则要探析清楚森林植被稳碳增汇的路径，摸清全国农林碳汇"家底"后，清楚各地区是否具备农林业碳汇交易市场构建的基础；其次，农业碳汇交易市场的构建目前尚未形成体系，切实盘活农业碳资产可以先借鉴林业碳汇的开发经验，摸索研究农业碳汇方法学。在林业碳汇交易方面，必须逐步完善碳汇市场的交易规则，将碳汇"增量"核定改变为碳汇"增量 + 存量"，充分考虑森林在过去和现在的吸碳贡献。除此之外，简化林业碳汇交易程序，增设地方核证机构，缩短林业碳汇交易项目进入市场的周期。

第二，基于"贡献者获益、破坏者付费"原则，在保护和改善自然环境过程中，政府、企业、个人三方构建新的利益分享模式，环境破坏者基于国家出台的生态补偿标准支付给环境保护主体对应的资金赔偿，进而抵消环境污染者生产过程中带来的环境破坏损失[3]。要积极建立合理有效的补偿制度，基于法定手段

---

① 葛颖. 云南省农田生态系统净碳汇及其补偿机制研究 [D]. 昆明：昆明理工大学，2017.

② 姜霞. 中国林业碳汇潜力和发展路径研究 [D]. 杭州：浙江大学，2016.

③ 徐素波，王耀东. 生态补偿问题国内外研究进展综述 [J]. 生态经济，2022，38（02）：150–157+167.

和程序确定生态补偿的具体对象、补偿金额、资金来源、保障和管理措施。建立专门的管理部门以落实补偿资金来源与生态补偿的有效监管，保障农业和林业生态补偿的卓效推进。具体来说，首先，确定好农田和林业生态保护补偿范围与补偿金额，建立起完善的地区生态补偿核算标准，样本试验和模型推算相结合，提高净碳汇测算的准确性；其次，完善落实生态保护补偿管理和保障，国家在政策制定中建立起专门的农业和林业生态保护补偿运行部门（简称"生态补偿管理部"）。生态补偿管理部协调农业、林业、财政、发改等部门开展农业和林业生态补偿工作，另外省级生态补偿管理部则主要负责传达并落实好国家下达的生态补偿计划。生态补偿管理部门还要负责生态补偿资金的应用监管工作，保证各级政府"专款专用"，对地方工作部门建立并完善工作绩效考核，真正保障生态保护补偿资金的合理合法运用；最后，在管理部门建立的基础上拓宽生态补偿金来源路径和落实农林生态补偿的有效监督。采取 PPP 模式，鼓励和引导社会资本参与生态保护补偿，政府通过予以社会参与主体特许经营权，或是发展林下产业、森林康养等优惠政策吸引社会资本参与生态补偿与农林管护工作。

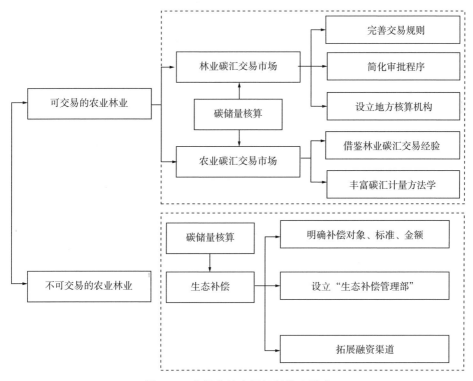

图 6-2 市场化的交易机制构建模式

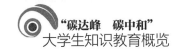
3）出台生产领域"各行业"统一碳核算方法，逐步提升行业能源消耗统计监测体系

建立完善统一规范的 CO_2 排放和碳汇核算体系是深入研究"双碳"问题和推动能源高效转型的基础，基于行业差异和特性计算我国各个行业在运行中的碳排放数量并据此设定好企业在后期的碳配额是保证"双碳"目标如期达成的关键步骤。目前，各个省份、不同行业特别是电力能源部门和建筑行业在碳排放计量上方法不统一、参数差异大，森林碳储量和农田固碳的核算也尚未形成全国标准，这不利于摸清我国的"碳家底"。因此，强化核算基础，制定好全国范围内的计量参数，完善林业碳汇核算核查方法，是控制 CO_2 排放总量的重要基础。

第一方面，目前生产端中工业领域、电力能源部门、建筑行业、交通运输部门 CO_2 排放量巨大，各地区针对这些行业碳排放计量的公式和参数尚未形成统一标准，统一生产领域核算方法刻不容缓。不同行业在碳排放核算方面构建了计量模型和方法，有关部门应以标准和规章形式加快建立起全国各行业统一的 CO_2 统计计量方法，成熟后逐步延伸到其他温室气体；基于现代信息技术将卫星引入 CO_2 排放核算上来，在卫星测量大气中 CO_2 浓度后，反推 CO_2 数量，将仪器测量结果和公式计算相结合，反证公式核算的准确性。核算方法尽量与国际接轨，引进发达国家成熟高效的碳排放核算方法体系，参数标准的制定同样可以参照国外先进经验，实现国内核算科学化，国内核算体系国际化。

第二方面，在准确核算生产领域重排企业 CO_2 排放量之后，过程与结果监管至关重要，需不断提高行业能耗统计和监管能力。能源消耗的统计与监测仅靠国家层面或省市层面难以实行，需要下沉县一级，实现省市县三级监管体系，监管不仅关注结果，过程监管也应当纳入同等重要的位置，重排行业各环节碳减排落实情况纳入监察范围；另外，综合运用阶梯电价、行政处罚、信用监督手段，对于高污高耗且违规排放的企业实行一票否决，"罚出"市场经营，开通市民实名举报渠道，对于政府难以监管到的高污染小作坊，以"政府＋群众"的监察模式强化节能约束力。

2. 中国"碳达峰、碳中和"消费领域政策

实现国家经济高质量发展，生产端的主动作为至关重要，然而仅靠能源转型、产业升级、生产领域的政策约束与激励是不够的，需关注到微观主体中消费者这个重要角色。消费主体主动选择绿色消费方式，可以倒逼企业主动选择节能

减排生产方式。另外，我国人口多、消费市场潜力巨大，充分挖掘消费主体减排潜力后，在推动"双碳"战略目标落实的同时，还能提高我国资源利用效率。总之，"碳达峰、碳中和"涉及各个消费者的切实利益，在低碳政策探索中要抓住消费领域中的"关键多数"，通过绿色消费引导和激励措施推动国家需求侧绿色有效发展。

1）落实城乡建筑与用能低碳转型；发展区域资源绿色循环利用模式

城市更新建设和乡村振兴都应以绿色低碳发展为原则，城乡绿色发展是建设环境友好型社会、美丽中国的重要载体，推进城乡基础设施绿色化、实现工程建设全过程低碳化、推动城乡居民消费主体绿色低碳消费方式是实现国家整体碳减排，优化区域公共环境的重要基础。基于此，应该结合国家出台的系列政策，考虑我国城乡建设现状，做好以下相关工作。

首先，在城乡领域推广并落实好绿色交通、绿色居住消费。具体来说，在绿色交通消费推广上，乡村和城乡接合部推行使用氢能电能的"乡村巴士"，鼓励消费主体主动选择新能源汽车，并对相关消费者给予税收减免优惠，城市交通建设中要逐步推进充电桩、加氢站建设，最大程度实现城乡交通绿色低碳发展；在绿色建筑低碳化激励方面，将城乡老旧、高耗能小区纳入低碳环保改造范畴，农村地区危房改造工作和房屋抗震加固工作协同推进，在老旧小区改造和危房改造中，推广使用低能耗甚至零碳排放建材，在消费群体中大力推广钢结构等可循环利用的建筑材料。老旧小区供水、供热、供电系统改造中，加装智能监控仪器，适时监测居民水电气使用情况，定期形成能耗使用统计图表，提出节能增效建议，因地制宜推广地热、太阳能、生物质能供热设施，在农村逐步推广节能低碳灶具、电动车、绿色农用车和拖拉机等，在实现农村智能化建设的同时，助力"双碳"目标的有效落实。

其次，实现地区绿色无废发展，高效利用资源，实现资源的再利用是关键，消费领域资源循环利用，实行垃圾分类和垃圾减量化是打通国内循环的重要手段。快递包装、生物必需品的合理循环利用在绿色治理中意义重大，政策落实要以规范化、规模化手段实现能源再生与综合利用，打造城乡废旧物质回收的智能化网络，逐步推广"互联网＋"、物联网的废物回收模式，鼓励居民将不用的闲置物品放在平台上再次兜售或通过平台回收，针对快递包装物、旧衣物等具备循环利用潜力的物品要以政策支持实现其二次流动；出台覆盖全社会、全领域的生活垃圾分类投放和收集的处理政策，探索研发厨余垃圾的处理技术，提高水资源

循环利用效率。总之，以政策为引导，以技术为支撑，多角度加快区域绿色低碳发展，挖掘消费领域低碳循环绿色发展潜力。

2）建立并完善个人碳排放权交易机制，充分挖掘消费领域碳减排潜力

个人有效碳减排对于国家整体绿色低碳发展意义深远，"个人碳账户"的构建能有效引导消费者积极选择绿色产品，以消费领域碳普惠平台衔接好生产领域碳交易市场，逐步构建起生产端和消费端多渠道、多层次、多角度的低碳循环发展模式（图6-3）。消费领域政策选择中政府应基于顶层设计，落实规范标准和核算方法，充分考虑区域差异，运用大数据、"互联网+"、区块链等技术手段，构建起各地区个人碳账户，以政策保障消费领域碳普惠机制运行。

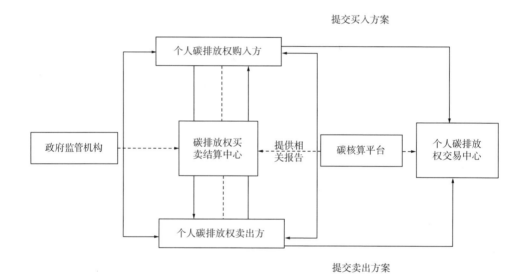

图6-3 个人碳排放权交易模式

第一，在政策制定上，出台有关个人碳排放权交易机制的文件，在区域性个人碳账户探索基础上逐步推广到全国范围。具体来说，消费者个人或家庭单位低碳行为达成的碳减排量，可以借鉴生产领域中企业碳排放权交易方法学做记录、计量、核发，在确定具体数值后通过平台交易或积分模式转化为切实的奖励，从根本上激发消费者主动减排的动力。个人在衣食住行中的各项低碳行为都可以核算数量，日常生活中减排行为核算与个人公共信用平台衔接，构建完善的个人评价体系和公共信用体系，个人低碳行为直接或间接影响自己的社会公共信用，以奖励和惩罚对消费者形成双向约束作用。

第二，政府、企业、个人三方合作，以"合力"形式推动消费领域绿色低碳

发展。个人碳排放权交易机制的建立仅靠个人和政府难以充分挖掘其价值，需要企业的参与，将商业资源引进，个人低碳行为与商业碳积分累加建立对接，个人低碳减排行为产生的价值可以在商业企业中兑换商品，政府又对该部分企业给予税收优惠奖励，形成三方协同的良性局面；个人碳排放权交易机制的完善应在各省份有差别的实施。对于经济较为发达地区，在新能源交通使用、垃圾分类、有效利用资源方面的发展较为成熟，具有碳排放交易的运行基础。另一方面，较为发达的城市在碳减排数量核算、价值核定等领域有较好基础，可以有效地建立并完善个人碳排放权交易机制，在核算基础发展成熟，方法学研究更为丰富后，可进一步推广到其他省份乃至全国，充分实现碳普惠。

3）切实提高生活品消费绿色化低碳化水平，提升全链条节能减损效能

保障"碳达峰、碳中和"战略目标如期达成，消费领域中生活必需品绿色化去碳化是绿色低碳发展的关键政策之一，在打造生活品绿色化低碳化的同时，对产品流动全过程做精准把控，真正实现全链条产品节能降碳，提高产品利用效率。

第一，消费领域政策制定与落实中，国家公共机构应作为消费绿色转型的"先行者"。具体来说，政府部门、事业单位应率先推进绿色消费模式转型，一方面对普通群众具有引领作用，在普通群众消费主体中能够有效推动并普及低碳消费的观念。另一方面，政府公共部门先行践行绿色生活方式在社会中能起到较好的示范效应，以典型促普及，从而在社会上形成良好的低碳发展风向。

第二，在绿色低碳消费模式推广过程中，全链条节能减排、降碳增效是消费领域低碳绿色循环发展的关键。从消费者购买到商品，到商品使用寿命殆尽的整个过程都要实现绿色和低碳。首先推动落实好绿色产品认证机制、绿色商店认证、绿色商标体系构建，在整个消费领域践行低碳生活新风尚。另外绿色商品宣传工作需稳步跟进，积极向社会公众推行环保工具，开通生态环境破坏举报热线，激发消费主体的"主人翁"意识；其次，有效落实全链条节能降碳需要加快绿色生活方式宣传与培养，在人民群众中倡导绿色低碳发展理念，在理念倡导成熟基础上，建立绿色示范社区，全民参与，共建美好低碳社会。

4）以"双碳"战略目标为契机，通过实物奖励激励消费主体主动选择低碳生活方式

消费领域中现金和实物奖励具有很强的正向引导作用，较生产侧而言可以产生更好的激励作用。实物奖励机制将中小微企业、社区街道办、家庭和个人

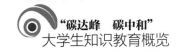

形成一个联合体,对其低碳行为赋予现实价值,通过政策引导、实物奖励、碳交易平台构建,多角度全方位鼓励消费者的低碳选择,实现长效的、持续的激励机制。

首先,借鉴日本经验,成立以社区或街道为单位的环保积分制度,居民在日常生活中节能节水节气的行为都可以换算为减少的 CO_2 排放量,然后将其折算为具体的积分存储在消费者个人或家庭账户中,所存储积分在一定期时间内可以换取实物奖励或现金奖励。另外,积分累计的形式还可以延伸开来,与银行合作直接将积分直接换算成为数字人民币,数字人民币设置成为可提现模式,待数字人民币达到一定金额,消费者就可以将其转换为现金,或直接在商店消费。

其次,消费领域在环保积分和实物奖励设置中,对于奖励的数量可借鉴阶梯水电价的分段形式,对于持续践行低碳行为的个人给予加倍加分,或增加额外奖励;消费领域在政策落实中逐渐实现吃穿住行用全覆盖,政府部门和外卖平台达成合作,消费者在平台上点外卖时不使用一次性筷子,或勾选使用环保材料,类似行为都可以获得数字红包或数字人民币。消费群体将自己不穿的衣服捐出时,输入自己的个人或家庭账号,又可以获得一定的积分奖励,外出选择自行车骑行或购买车票只使用电子票不用纸质票等行为都可以获得相应的奖励。"低碳 + 数字""低碳 + 平台"的模式在推广数字化技术的同时,需对节能减排、减碳增汇的生活方式做积极宣传,总之,实物奖励在低碳践行中发挥着重要作用,保证绿色价值在百姓生活中也能充分体现。

(二)中国"碳达峰、碳中和"路径选择

"碳达峰、碳中和"目标的实施需要各领域、各行业提出详细标准、制定具体方案,CO_2 排放主体主要体现在生产端和消费端,故生产领域和消费领域应针对自身特点、立足领域差异提出切实可行的行动计划,两者基于共同目标以"合力"推动国家整体低碳转型,实现经济和环境高质量发展。换言之,生产领域应重视高污染、高耗能行业,在探析清楚行业 CO_2 实际排放量的基础上,加快能源结构转型,调整产业结构,落实国家针对生产领域制定的系列政策;消费领域则要充分带动消费主体的主观能动性,在消费者绿色生活方式培养、低碳消费补贴、绿色高效消费机制、绿色生活方式选择、共享消费等方面"发力",发挥消费主体在应对气候变化中的重要作用。

1. 中国"碳达峰、碳中和"生产领域路径选择

本书基于《中国统计年鉴 2021》《中国能源年鉴 2020》相关数据核算发现，近 10 年各行业各部门能源消耗总量中，工业领域、电力能源部门、建筑行业、交通运输部门 CO_2 排放量较大，且工业领域 CO_2 排放又以化工、石化、纺织、制革、采矿业等国家限制排放企业为主。有预测数据显示，我国有色金属、石油开采、化工、电力、建筑、水泥、交通运输行业的能源消耗占比较大，CO_2 排放量也相应地处于前列，合计达 90% 以上。鉴于此，在保证国民经济正常发展的前提下，有效遏制部分行业碳排放，实现"碳达峰、碳中和"目标，我国需要以政策为保证，基于技术支持，以绿色金融、能源结构转型为支撑，多方面以"合力"形式助力重排行业清洁发展、有效提升资源利用。因此，生产领域低碳发展路径应基于工业领域中的限排行业、电力等能源部门、建筑行业、交通运输部门现状和动态变化情况，基于行业特性和差距提出有针对性的低碳发展对策。

1）以社会化、市场化、多元化手段探索工业领域中重排行业低碳发展路径

工业领域中矿采、石油开发、化工生产、纺织在生产中产生的废水污染、废渣污染、噪声污染严重影响了"美丽中国"建设进程，同时也严重制约了我国"碳中和"目标的实现。然而，上述行业属国家建设、居民生活中不可或缺的部分，在减少这些行业 CO_2 排放的同时，也要注意对国家建设和生产的影响。因此，在大力发展降污节能，推进国家工业行业结构调整，发展新兴产业、高新技术制造业的同时，以社会化、市场化、多元化手段探索工业领域减排路径至关重要。一般来说，以市场机制驱动企业主动减排，增加企业碳排放成本，通过技术手段实现企业碳减排，同时达到减排和增效两个目的。为此，工业领域中的重排企业可通过参与构建中国林业碳汇交易市场、推进碳税征收、碳封存三个方面践行低碳发展。

（1）基于国际清洁发展机制主框架，积极参与构建中国林业碳汇交易市场。《京都议定书》将林业碳汇纳入清洁发展管理机制（图 6-4），以市场化手段鼓励植树造林进而实现森林增汇。林业碳汇通过市场化方式进行森林资源的碳汇买卖，形成额外经济价值。即树木通过光合作用吸收大气中的 CO_2 再释放出 O_2，实现 CO_2 清除或减排。根据相关方法学和认证审核规则明确森林资源储存的 CO_2 数量，并置于指定的交易平台销售，以此满足有碳排放控制的单位抵扣其 CO_2 的

超排量。清洁发展机制是发达国家和发展中国家相互协作，发展中国家利用自身禀赋优势获得发达国家的植树造林技术和资金支持，发达国家从发展中国家购进"可核证的排放削减量"以便完成《京都议定书》中所明确规定的节能减排义务①。换言之，发达国家可通过较低成本履行自身的碳减排义务，发展中国家可利用其森林资源禀赋优势获得资金和技术支持，实现可持续发展。二者合作以较低的成本实现全球范围内碳减排，清洁发展机制为"双赢"选择。在以社会化、市场化、多元化手段探索工业领域中重排行业低碳发展路径时，基于国际清洁发展机制框架构建中国林业碳汇交易市场可操作性强，在推进"碳中和"目标的同时还能最大程度开发森林生态服务价值。

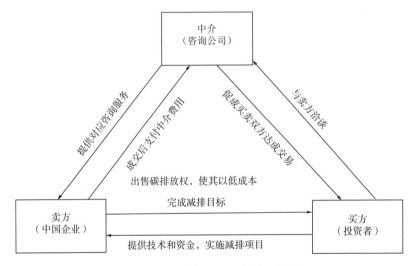

图 6-4　清洁发展机制交易示意图

第一，工业行业本身碳排放总量大、范围广，应以林业碳汇来服务"碳中和"目标，放宽各地碳汇开发限制以推动"双碳"目标落实。首先，将人为干预下的森林纳入林业碳汇交易范围。目前，我国林业碳汇交易以符合方法学的人工林为主，在一定程度上低估了我国整体林业碳汇的价值，因此应该将天然林和人工林中有抚育管护的部分纳入林业碳汇交易范畴；其次，积极开发林业碳汇的技术和方法学，因地制宜、适地适树开发出不同树种碳汇核算方法学，先小样本区域内试点，在方法学发展成熟后逐步推广到全省乃至全国，统一全国碳汇核算方法。

---

① 苏建兰.中国林业碳汇期货市场体系构建和运行机制研究 [M].北京：中国林业出版社，2020.

第二，基于我国生产要素禀赋差异，有差别地实施碳汇交易，构建并推进异地碳汇交易模式，以区域森林资源禀赋助力全国"碳中和"。具体来讲，根据我国不同区域间生产要素差异较大的情况，东部地区可以设立中国林业碳汇期货市场，发挥东部、东北地区以及中部资金、技术和林业碳汇的需求，贯通东北、西部林业碳汇供给，让林业碳汇需求方和供给方在林业碳汇市场平台上充分交易，区域间"合力"推进全国"碳中和"进程。

（2）推进碳税征收，引导限排行业生产者选择低碳生产路径。我国现行的税目中，与资源开发有关的主要是资源税和消费税。资源税征收对象主要是针对在中国境内经营开发应税矿产品和生产盐的企业和个人，就其应税数量所缴纳的一个税种；消费税征收范围中涉及资源利用的是成品油。上述两种税的征税对象均不含 CO_2 等温室气体。碳税是碳减排调控的重要手段，国家制定碳税不应像增值税、消费税、企业所得税那样以增加财政收入为目的，碳税实施主要是针对非绿色产品征收一定比例税额，这部分税额最终转嫁到消费者身上（图6-5）。一方面引导消费者选择绿色低碳产品，另一方面在增加企业生产成本的基础上倒逼企业选择节能减排生产方式，提高生产效率，其实质是为了减少 CO_2 的排放。

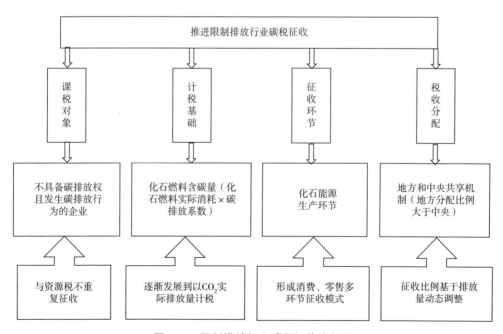

图6-5　限制排放行业碳税征收流程图

为如期实现"碳达峰、碳中和"目标，碳交易机制和碳税需同步推进，碳税因覆盖广泛，对生产主体更为公平，碳税征收应与碳排放权交易形成互补。碳排放权价格取决于市场供需，但是企业碳排放配额的分配直接取决于企业初期碳排放数量，前期碳排放量较少的企业获得碳排放配额也较少，这不利于企业后期扩大发展，具有一定的不公平性。碳税征收可克服配额分配的不公平，在筹划碳税缴纳最少且满足碳排放配额的基础下企业可作出最优选择。因此，国家应加快碳税立法脚步，以法律形式形成工业限排企业约束机制[1]。

课税对象：在确定国家碳税的征收对象时必须要充分考虑企业是否具有碳排放交易权。总结国外碳税发展过程时发现，国外企业对碳排放权覆盖的产业普遍减免碳税，国内在设置企业碳税征收机制时，必须确定征税对象不能与拥有碳排放权的企业之间产生矛盾，即国内碳税征收范围不应包括拥有碳排放权的公司[2]。

计税基础：计税基础确立是碳税征收中的关键环节，既要考虑计税合理正确且便于执行，还要确保碳税征收不重叠、不遗漏。碳税征收可用化石燃料的总含碳量为计税依据，在 CO_2 直接度量技术发展尚不成熟的前提下，选此数据口径作为计税依据为最优解。因此，可以先利用公式（化石燃烧的含碳量 = 化石燃料的实际消耗量 × 该化石燃料碳排放系数）计算出企业运行过程中排放的 CO_2 数量，然后再考虑企业自身的碳捕获、碳封存数量。化石燃料含碳量扣除碳捕获、碳封存数量就可以得出该企业的实际碳排放量，按照简易计税的方式计算应缴纳的碳税。CO_2 排放监测技术若出现新的发展，碳税征收依据可从按化石燃烧的含碳量转向按 CO_2 实际排放量征收，进而实现碳税征收的准确性。

征收环节：根据国外碳税征收特点和国内具体实践情况，碳税征收时应当考虑在化石燃料生产环节征税。对于进口和出口的应税品保持"进口不征、出口不退"原则，若同时征收资源税和碳税，考虑不重复征税原则，以二者孰高征收或对资源税减征免征。随着碳税制度日益完善，需重新评估碳税约束能力，可将化石燃料制造环节逐渐迁移到化石能源零售环节、消费环节，或实现多环节征收，促进企业主动选择清洁能源。

税收分配：碳税为中央政府与地方共享税。目前，国家税收中属于中央与地

① 董静，黄卫平.我国碳税制度的建立：国际经验与政策建议 [J]. 国际税收，2017（11）：71-76.
② 许立帆.全球视野下的碳税征收 [J]. 国际税收，2014（12）：63-65.

方共有的税目含增值税、企业所得税、个人所得税、资源税、城市维护建设税、印花税。其中，增值税为中央和地方各分享 50%，企业所得税和个人所得税属中央分享 60%、地方分享 40%。碳税借鉴这两种固定比例都不适合，碳税征收要想达到约束效果，首先要调动地方政府积极性和自主权，碳税应建立碳排放量和地方碳税分享比例额挂钩的动态机制。中央对于地方碳税收入应提出明确使用范围，比如用于区域新能源开发、节能环保宣传，对于实现减排的企业，地方政府可将收缴的碳税按比例返还，从根本上鼓励企业主动减排。

（3）发展碳捕集、利用与封存技术，推动国家限排行业绿色发展。我国正处在以煤为主的能源利用阶段，化石类能源焚烧过程中所产生的 CO_2 总量很大，化工、石化、纺织、制革、采掘业的发展会形成数量巨大的温室废气，碳捕集、利用与封存技术可实现 CO_2 的高效处理，具有技术上的可操作性。国家控制污染企业 CO_2 的处理和排放以及控排企业落实 CO_2 回收与利用，一方面贯彻了低碳发展理念，保证我国"碳达峰、碳中和"总体目标如期达成。另一方面推动行业经济正向发展，协同推进经济与环境发展。联合国政府间气候变化专门委员会与国际能源署（IEA）指出碳捕获和储存（CCS）是以最低成本遏制气候变暖的低碳技术之一。目前多个国家陆续推出政策措施，激励发展碳捕获和储存技术，用实践行动证明技术可有效促进 CO_2 减排。

第一，有效发展碳捕集、利用与封存技术需国家政策的大力支持。现有碳捕集、利用与封存技术成本仍然高于收益，且技术在应用中对 CO_2 的需求量巨大，对产业链上游的依赖性过强。若碳源消失，技术无法另做他用，将会导致较大损失。另外碳封存技术目前尚不成熟，封存的碳可能有泄露风险。因此，碳捕集、利用与封存技术研发和推广必须要由政府做后盾保障，通过设立保险、财政补贴等实现风险转嫁，实现碳捕集、利用与封存技术产业群建设。

第二，拓展碳捕集、利用与封存技术途径。化学吸收法、有机胺法、离子液体吸收法是目前运用最为广泛的 CO_2 捕集方法。有机胺法吸收量大，分离效率较高，较为经济；离子液体吸收法优势更为突出，吸收稳定、不易挥发，但应用成本过高，需不断完善技术。根据国内外碳捕集、利用与封存技术发展现状，提出物理吸收和生物吸收（图 6-6），两种方法分别利用大规模变压吸附装置、蓝藻水生光合微生物吸收 CO_2，并利用管道等装置将 CO_2 从产生地运输至近海处封存。总之，碳捕集、利用与封存技术的研究开发要保证 CO_2 能有效利用、安全封存，结合经济、安全、适用选取最合适的方法。

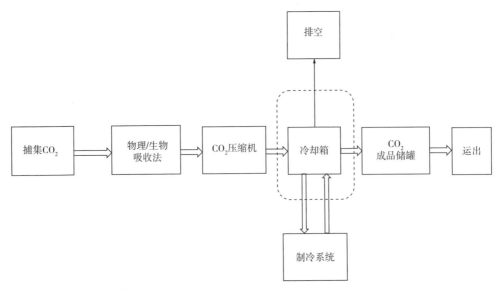

图 6-6　碳捕集、利用与封存技术中物理／生物吸收法流程

2）电力能源部门积极发展低碳能源体系，多部门共同"发力"推进行业绿色发展

党的十九大为中国洁净能源、低碳发展指明了方向，即通过建设洁净低碳、安全有效的能源系统实现我国经济社会高质量发展。以电力能源部门为例，必须加速实施新能源结构转变，实现煤炭发电向清洁低碳能源发电模式的转变。当前，中国煤炭发电量占比大，CO_2 排放量也就较大，不利于碳中和目标如期实现。后期应注重发展不依赖化石燃料的发电技术，加大水能、风能、核能、太阳能、生物质能以及光伏发电等领域的投资与开发，逐步减少源头的碳排放，切实推进国家电力能源部门低碳转型。

《中国电力年鉴 2020》《中国能源年鉴 2020》《中国统计年鉴 2021》等年鉴数据均表明我国电力能源部门的 CO_2 排放数量巨大，区域间碳排放量差异显著，因此选择合理途径约束电网或能耗部门碳排放，优化并发展可再生能源，逐步淘汰传统化石燃料发电对"碳中和"实现至关重要；电力能源部门要实现绿色低碳发展，在路径选择上应当形成以新能源为主导的现代电力系统，大力发展风能、光伏电力装置，以"风、热、气、氢"多种能源供应为主线，逐步淘汰传统的高耗能、高污染能源，实现零碳排放和能源转型，为低碳社会建设贡献力量。

（1）网企业创新发电模式，不断优化电力供应结构。实现电力行业的低碳发展目标，可基于以下两个方面：一方面优化现行的燃煤发电结构，采取措施延长现行火电机组寿命，在达到火力发电经济效益最大化的同时，确保发电装置 CO_2 排放量最低；另一方面从调整发电结构着手，对火电、水电、核电、风电、太阳能光伏发电等结构升级转型，进一步加强核能发电和水力发电的开发力度。因核能发展涉及安全性问题和机组选址问题，水电发展涉及生态环保问题，在充分考虑影响因素前提下，进一步促进我国能源结构转变，加大对可再生能源的开发利用，以逐步落实电力能源部门绿色低碳发展。

第一，就目前国家发电装机容量和国民的电力需求分析，我国难以在短期内完全淘汰煤炭发电，只能严格限制新建火力发电厂，提高现存火力发电装置效率。首先，针对使用年限过长或接近使用寿命的发电装置开展技术升级和设备改造，延长其使用年限，实现火力发电机组效益最大化；其次，对于尚可使用的年限较长、设备更新时间不长的发电机组，有关部门可完善机组寿命评价体系和管理政策，建立健全完备的发电量控制、使用频率控制制度，不过度使用发电机组，不超负荷对外输电。此外，对于不同发电量的机组开展有差异的寿命评价，保证现存火力发电机组的长期高效使用。

第二，国内电力企业主体应转变发电模式，由火电为主逐步转向低碳清洁能源电力，大力发展风电、核电、光伏发电。能源结构转型优化既可提高国家能源供应的独立性，克服能源对地区的依赖，还可以催生新的投资机会，实现能源改革和经济提升协同发展。积极探索新的能源发展模式，不仅保障国家能源安全和人民的能源需求，也为"碳中和"目标的实现贡献行业力量。中国可再生能源信息中心编制的《可再生能源数据手册2017》指出，我国水气发电、陆上风能发电、海洋风能发电、太阳能光伏发电的可开发潜力分别为432吉瓦、3042吉瓦、209吉瓦、3148吉瓦。我国发展与改革委员会电力研究所研究数据表明，我国分布式光伏开发潜力（建筑分布式）为540吉瓦、分布式光伏开发利用潜力（其他分布式）为410吉瓦、集中式光伏电站开发潜力更是达到了2600吉瓦。国家水电、风电、太阳能光伏发电可开发潜力巨大，电力能源部门在升级转型时应重点选择可再生能源，保持能源有效供应同时实现行业低碳发展。

（2）构建电力行业跨区域碳交易市场，完善电力生产领域碳排放交易制度。碳交易市场以市场机制有效处理环保问题。碳交易由合约一方提供资金给合约另一方，购买其温室气体排放额从而达到减排目标，即合同卖方基于合同条款转让自己手里多余的配额或排放许可证。合同买方则通过购进减排额度弥补自身超额

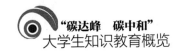

排放对环境造成的负面影响。一方卖出了手里富余排放权，另一方又能在免于责罚情况下对外排放温室气体，实现双赢。《中国能源年鉴2020》《中国统计年鉴2021》统计数据显示，我国不同地区电力能源部门 CO_2 排放呈现明显的地区差异，构建电力行业跨区域碳交易市场（图6-7）势在必行，以完善电力能源部门生产领域碳排放交易制度。

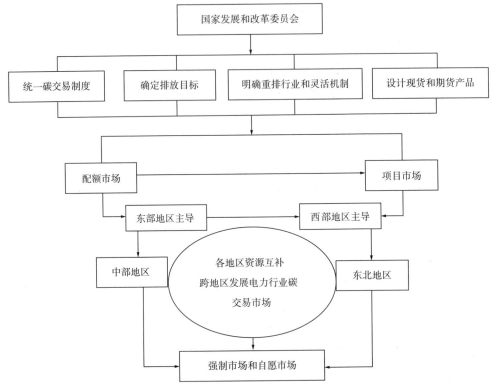

图6-7　中国电力行业跨区域碳市场交易流程

第一，国家发展和改革委通过调整国内碳交易经营机制，以立法形式认可碳交易合法性和合理性，设计具备法定约束力的全套碳交易规章制度。电力能源部门参与在构建碳交易市场时，首先必须确定各年各地区节能减排的总体目标，根据国家和各地区电力能源部门改革情况和实际运行状况实施价格调控制度。设计适用于碳市场交易的各类碳商品以及碳信用商品；其次，在我国立法和制度框架内，根据各地方政府制定的法律政策，电力能源部门跨地区碳排放交易模式设置时，应该因地制宜采取配额交易制度，拓宽碳交易产品，国家核证的自愿减排量项目、地方政府研究开展的节水项目、林业碳汇项目等可引入电力工业改革及跨区域碳交易；最后，在市场运行初期，交易主体可优先选取火力发电占比较大的公司，或选取化石燃料含碳量（化石燃烧的含碳量 = 化石燃料的实际消耗量 × 该化石燃料碳排放系数）大的公司，优先在碳市场上自由交易。碳排放配额核证为自愿减排量，在法律规定的运行框架下可自行履约。

第二方面，中国各地区资源禀赋存在互补状态，地区间电力行业 CO_2 排放量也不同。如东部地区电力行业 CO_2 排放量显著高于西部地区[1]，因此东部地区可大力开展配额交易，西部地区开展项目交易（图 6-8），中部地区和东北部地区积极参与两端市场以有效促进区域间市场联动运行效应。

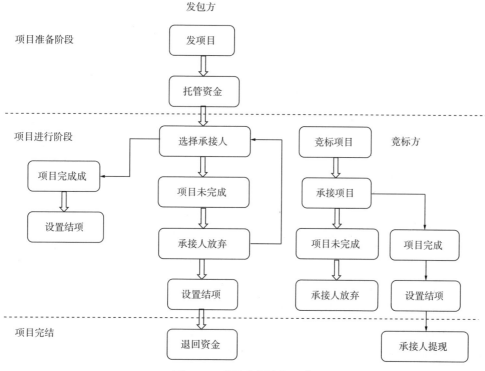

图 6-8 项目交易流程示意

（3）以政府部门为主导，实现电力行业发电部门和电网部门协同发展。基于电力供应整体性和运行科学性，加强电源和电网两部门的统筹协调，不仅可以实现供电侧高效顺利运行，还能整体协调电力供应过程中 CO_2 排放过高的问题，制定合理的约束和激励政策。电力行业与发电部门协同发展如图 6-9 所示。

---

[1] 苏建兰. 中国碳交易市场构建框架和运行机制研究 [M]. 北京：经济科学出版社，2018.

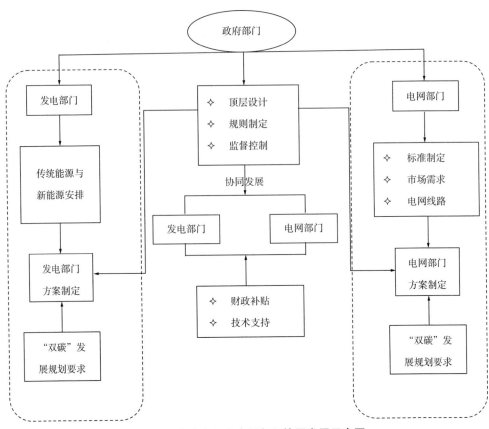

图 6-9　发电部门和电网部门协同发展示意图

第一，政府部门宏观把控，系统规划发电、电网两部门的协同发展。在"碳达峰、碳中和"背景下，国家重点倡导发展新能源、鼓励各省开发新能源。电力行业的低碳发展仅依靠市场调节难以实现，需要政府政策干预、资源支持，发电部门和电网部门协同发展才能推动电力行业实现绿色低碳。政府顶层设计，制定电力行业低碳运行规则和标准，适时保持对各分支部门的监督控制。在政策约束之外，政府需要给予电力行业财政补贴和技术支持的激励措施。由政府部门牵头组织发电部门和电网部门共同落实"双碳"政策，合理制定发电部门运行方案和电网部门建设规划。政府主体的职责为：①根据"碳达峰、碳中和"部署要求和国家新能源发展方向，制定电力行业能源发展要求；②根据各省各地区电力能源部门的传统燃料和新能源燃料的安排特点，决定各省各地区火电、水电、风能、核能、太阳能等发电装机容量数额。针对各省各地区市场需求制定对应电网规划；③发电部门和电网部门协同运行后，根据实际运行的难点问题进一步优化各部门规划方案，核准新方案下电力行业整体 CO_2 排放量的变动情况，分析发电部门和电网部门实现减排的具体环节；④政府针对发电部门和电网部门制定统一节能减排考核指标，对于实现减排的地区企业给予税收优惠、政策补贴，以激励地区电力行业进一步推动增效减排。

第二，发电部门结合当前宏观政策，量化传统能源和新能源比例。国家大力倡导新能源对于发电部门后期方案制定影响较大，要实现低碳发展、节能减排目标，发电部门发电结构的选择至关重要。首先，发电部门应逐渐弱化火力发电，大力发展新能源发电，不断研究提升新能源发电机组的发电效率，结合国家整体用电量，预测新能源发电能否满足用电需求，产业升级与能源结构转型不能影响到基础设施运行与民众日常生活；其次，完成新能源发电效率提升和发电量预测后将新能源发电纳入长期规划，逐渐摆脱对火力发电的依赖。当新能源电力结构发展逐渐成熟后，应加快推进新一轮发电部门与电网部门协同规划落实；最后，结合各地区优势，选择适合本地区的发电结构，在保障电力供应的同时，实现节能减排，西南地区的云南、四川、贵州可大力发展水电、风电，西北地区甘肃、宁夏结合地理优势可考虑在太阳能丰富的地区选址建设光伏发电站。总之，实现电力行业低碳发展，发电结构升级转型迫在眉睫，在实现发电结构优化后再结合电网规划布局，促进行业低碳长效运行。

第三，供电部门要充分考虑国家电网的输送能力、发电储能、电网发展等内在要求，以及政府的约束力度、生产领域减碳目标、政府财政补贴、先进技术等外部要求，以形成科学合理的输电网络，进一步推进传统电力网络往电力能源互联网升级，形成洁净的电力优化输出平台。首先，政府着力提高跨地区的清洁燃料运输力度。对于已经建立的输电通道，电网部门专业人员应当定期维护，以延长其使用寿命和利用效率，老化报废的输电通道，拆解可再利用的零部件，合理高效利用电网资源。"十四五"期间结合发电部门转型升级情况，积极推进基础电网提速工程建设，对受端网架逐步完善，推进形成跨地区输电的长效运行机制。在清洁能源形成后，电网部门应该积极新增跨地区输电通道，实现清洁能源"专网专输"；其次，将在保障洁净电力的同时，进行同步并网，风电、太阳能发电将逐渐替代传统火电。电网主管部门也将根据新发展的洁净电力标准设计并组建"绿色通道"，以实现发电与电网的共同发展。此外，由于电力行业各地区的 CO_2 排放量差别很大，将根据区域资源的禀赋优势，大力支持四川、云南等区域水电发展，超前研究开发西藏水电外输方案，在地区、省份不能完全消耗

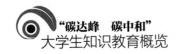

自身发电部门生产的电力情况下，积极构建对外输送网络，实现清洁能源电力覆盖全国。

3）提升建筑行业建筑能效，实现绿色低碳高效转型

建筑行业低碳发展对于适应全球气候变化以及我国的"碳达峰、碳中和"目标至关重要。建筑行业属于我国实体经济中的支柱性行业，但建筑部门促进我国经济高速发展的同时，排出了大量的 CO_2，高耗能、高污染、粗放式经营问题也受到了许多政府部门和学者的高度重视。建筑行业 CO_2 的排出过程又涉及多个环节，具体分为建筑材料制造、建筑材料运送、施工、建筑物运营、建筑物拆迁阶段，建筑行业要实现低碳发展，各环节都至关重要。总的来说，推动建筑行业绿色转型，实现各环节低碳发展需从碳排放约束机制、完善建筑行业绿色低碳评价认证、推动建筑信息公开和信息流通、绿色金融财政支持等方面入手[1]，除此之外，政策设计、标准体系构建、建筑领域能源结构转型同样是引导减排发展、实现"碳中和"的关键手段[2]。

（1）进行建材行业脱碳处理，促进产品高质量永久性发展。建筑行业中建材生产环节将产生大量的 CO_2，《环境保护综合名录（2021 年）》指出建材行业中的水泥生产、石灰和石膏制造、黏土砖瓦及建筑砌块制造、平板玻璃制造等具有"高污染"和"高环境风险"特性，要确保"碳达峰、碳中和"目标在 2030 年、2060 年如期实现，保证建筑企业在生产过程中实现节能减排，建材的脱碳处理至关重要。因此，建材生产应首选加工能耗低、原材料投入消耗少、可回收复用、零碳排放的生产技术和生产原材料；另一方面，水泥、石灰这一类建材生产确实无法避免 CO_2 排放，建材企业应积极开展建材生产环节低碳技术改造工作和碳捕集、利用与封存技术，在保证产品生产的同时减少温室气体对环境的负面影响。建筑行业建材低碳发展涉及建材供给侧低碳生产和建材需求侧低碳使用两个环节，具体如图 6-10 所示。

① 李张怡，刘金硕. 双碳目标下绿色建筑发展和对策研究 [J]. 西南金融，2021（10）：55-66.
② 林波荣. 建筑行业碳中和实现路径 [J]. 施工企业管理，2021（10）：49-51.

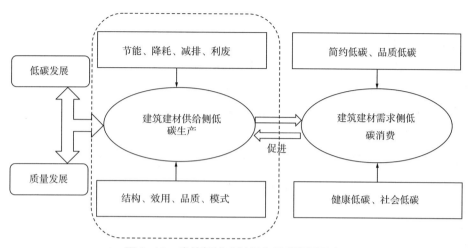

图6-10 建筑领域建材行业低碳发展示意

第一，以国家为主导，在全国范围内推广绿色低碳建材。国家相关部门引导建材需求侧购进低碳绿色建材产品，在区域范围内大力培育建材低碳生产示范企业和示范园区，以典型促发展，以示范强宣传。首先，建立健全绿色低碳建材标准，公布低碳建材的量化数据、减排效果，形成社会和企业协同作用，以消费者需求倒逼企业生产绿色建材，努力实现建筑建材领域"碳中和"目标。目前，国家对于建材行业用材标准、配套技术标准、绿色建材的合理比例尚未出台完善的文件，国家应针对建材企业推出基于实际用能的建筑节能标准体系，制定落地的、细化的建材领域耗能定额标准。因各地区建筑行业 CO_2 排放情况差异较大，定额标准应针对各省份实际适时更新，保证国家牵头的前提下实现地区差异化管理。将制定的标准纳入法律范围，实施不合标准企业"淘汰制"，不断提高企业准入标准，对于制度运行的有效性实施严格监督程序，定期核查企业 CO_2 排放标准是否达标，以法律标准促进建材行业有序发展；其次，加强国际间合作，坚持引进绿色低碳的新能源、新材料，为我国建筑行业建材低碳运行提供有力支撑。组织开展建材行业国际间交流，推进建材"碳减排、碳中和"技术的学术交流活动，国内建材生产企业以交流活动为契机学习借鉴发达国家的先进脱碳技术，在国际国内构建建筑建材技术交流大数据网络，共享建筑材料行业脱碳运行、低碳发展的优秀案例和经验，保证国外先进技术"引进来"，国内低碳绿色建材产品"走出去"，实现经济效益和环境保护协同发展；建立健全低碳绿色贸易体系，构建起高耗能、高污染建材的限制性入口，鼓励绿色低碳建筑材料和设备进口的海关政策。

第二，从行业与企业层面看，主要开展建材生产环节低碳技术改造工作、加快推进碳捕集、利用与封存技术、加强建材行业高质量、高性能、多功能产品的研究开发。首先，开展建材生产环节低碳技术改造工作需要企业自主引进节能技术设备。在考虑成本效益的前提下，将能效管理引入企业生产链，建立建材生产车间智能化升级，从源头处遏制建筑行业 CO_2 排放。建材生产应注重能源供应的革新转型，企业应当大力推动煤改电、煤改气等新型能源技术，以达到建材生产环节低碳或零碳排放；其次，针对混凝土、水泥等高污高耗建材产品无法减少 CO_2 排放量的，企业可以积极建设 CO_2 回收利用工厂，随着碳捕集、利用与封存技术科技的开发引进和成熟运用，在建材行业中回收的 CO_2 可以进行技术加工或直接储存。企业推陈出新，促进建材产业优质化、高性能、多用途产品的制造研究，以增长建材寿命，确保已拆除的建材产品能循环利用、低碳利用；最后，以石膏代替其他重污高能耗建材行业，由于石膏在使用过程中节能、节材、可回收、不污染环境，属于较为理想的绿色生态建材，此外石膏还有防火、隔音、隔热等优点，具有适用性好、低碳绿色双重特性。相较其他建材生产，石膏在生产过程中随着物流和矿石管理水平的提高，石膏建材生产可以大幅度减少 CO_2 的排放，因此石膏建材的高效使用对于绿色建筑构建作用明显。

（2）构建约束机制和激励机制，以低能耗建筑标准和激励政策助力"碳中和"目标。我国应该借鉴国外建筑行业低碳高效发展机制，基于公共物品理论、科斯定理、庇古理论等，以实现社会综合利益最大化为目标，充分考虑利益相关者基本诉求的基础上，围绕约束机制和激励机制构建建筑行业低碳运行模式[1]。要实现建筑行业绿色低碳发展，应从生产领域和消费领域两个层面构建约束机制和激励机制具体如图 6-11 所示。

第一，就激励机制而言，政府部门可采取政策补贴激励和技术激励。一方面，建筑行业涉及的税费种类多，具体包括增值税、城市维护建设税、教育费附加、地方教育费附加、土地增值税、房产税等。建筑领域业务往来频繁、资金交易数额巨大，税款缴纳额度较大，对使用绿色建材并采用低碳发展技术的企业给予税收优惠或减免。企业在低碳技术研发、建筑工程改造升级过程中的成本，政府可按比例给予企业所得税税前扣除，尚未扣除的部分准予结转至五年内扣除，以税收优惠激励企业主动选择绿色低碳发展路径；另一方面，实现建筑行业低碳

---

[1] 汪江波.江苏省建筑业低碳发展的治理机制研究 [D]. 南京：东南大学，2019.

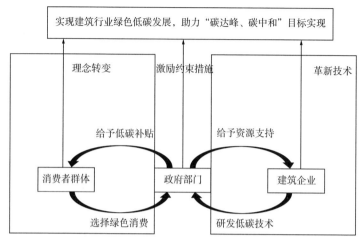

图6-11　建筑行业生产领域约束与激励机制构架

绿色发展，技术跟进至关重要，企业在学习借鉴国外先进技术时成本过高、耗时过长，可能导致企业技术研发动力不足，政府部门可通过与发达国家技术谈判，系统引进国外先进技术，在严格考核各建筑企业后，对于低碳发展潜力大、节能减排势头好的企业给予技术奖励，实现政策倾斜和技术研究双重激励机制，促进建筑行业各阶段、全方位低碳发展。此外，政府还应鼓励企业自主研发，出台低碳技术研究目标，在企业技术研发过程中开展监督管理和项目指导。建筑行业CO_2排放量呈明显的地区差异，技术指导可呈现地区差别。对于CO_2排放过大、低碳技术发展不成熟的地区政府可加大技术鼓励力度，地区之间相互给予项目指导，形成良性的发展局面。

　　第二，就约束机制而言，政府针对建筑行业可以制定法律约束和标准约束。目前，国家关于建筑行业的法律法规、政府条例、政府部门规章制度主要涉及《中华人民共和国建筑法》《建筑工程质量管理条例》(修订版)、《实施工程建设强制性标准监督规定》等，关于建筑行业碳排放机制、绿色低碳发展的法律标准尚未构建。因此，国家可以"十四五"发展规划、2035远景目标纲要、"碳达峰、碳中和"目标落实为契机，考虑各地区建筑行业CO_2排放现状的基础上，以法律形式规定建筑行业低碳发展要求，对于建筑生产、建材生产不合规、不合标的企业直接"罚出"，以法律标准实现低碳发展约束；建筑行业较其他重排企业而言，在碳排放核算、参数体系方面已经有了较为完善的标准，但是随着建筑行业的转型升级，标准必须升级完善。建筑行业比其他领域的碳排放量更加繁杂，涉及了建设制造阶段、建设运送阶段、施工阶段、建设运营阶段、建设拆解阶段

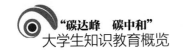

等几个重要环节，且各个阶段在核算时参数标准、数据口径获取困难，难以在全国范围内形成高效统一的计算。首先在全国范围内建议一整套完善的、合理的、落地的建筑行业碳排放核算标准，清晰建筑行业碳排放的主体和界限。统计部门也应基于建筑行业碳排放计量公式适时公布相关基础数据，实现核算标准和数据来源标准统一化，全国1997—2019年建筑行业碳排放数值可以《中国温室气体清单研究2005》公布的建材生产相关参数为借鉴与参考。因此，在完善建筑行业碳排放计量公式的基础上，建立健全行业碳排放因子参数，构建统一的、科学的碳排放因子数值，实现建筑行业各环节碳排放准确核算。

（3）推动政府与社会资本合作（PPP）、建立房屋投资信托基金体系（real estate investment trusts，REITs）合作模式，激发建筑行业低碳发展潜力。近年来，在国内基础设施建设中政府与社会资本合作管理模式已得到了广泛运用，基于社会化、市场化、多元化手段创造性地拓展了投资途径，并进一步带动社会资金进入到国内基础设施的建造中，目前国家层面也支持了基础设施REITs的发展，让基建企业融资渠道进行闭环滚动发展，通过基建企业的造血功能促进了产业绿色发展[①]。基于此，积极探索PPP-REITs协作模式，将二者有效结合实现建筑行业高效融资，此举对于建筑行业绿色低碳发展意义重大。

房屋投资信托基金体系，属于房地产证券化的重要手段。具体到基础设施而言，该体系类似股票的发行和交易，专门投资机构通过发行基金份额募集资金，并对其进行专业化管理，将该笔资金运用到基础设施。在获得相应的收益后将其分配给基金投资者。国家发展和改革委员会于2021年7月颁布的《有关继续开展基础建设行业相关领域不动产投资信托基金（REITs）项目实施试点管理工作的文件》指出风电、光伏发电、水力发电、微生物发电、核电等能源基础配套、水利设施可申报，该文件为建筑领域中屋顶分布式光伏项目提供了全新的融资模式。同时，也拓展了该体系在建筑领域的使用范围，为后期建筑行业绿色低碳发展提供有力支撑；政府与社会资本合作具体指的是在中国公用基建行业相关领域，政府部门与社会资本共同合作的一个新项目投资运营模式。在实际操作中，由社会资金承担设计、施工、运营和保障设施的大部分管理工作，在此基础上通过"谁使用谁付费"和"政府付费"获得合理的投入收益。政府部门则承担对服务价值、服务质量的监督，以此达到公共利益最优化。

---

① 刘路然. 铁路PPP-REITs投融资模式探究[J]. 铁道经济研究，2021（05）：27–32.

第一，搭建"PPP+REITs"桥梁，提升政府与社会资本合作项目质量从而满足房屋投资信托基金体系发行条件，二者联合支撑建筑行业低碳绿色循环发展，在模式建设完善的基础上出台税收优惠政策，切实降低"PPP+REITs"产品运行成本。首先，政府与社会资本合作项目投资时间长、投资额度大、资金流动性较弱。房屋投资信托基金体系收益稳定、流动性强，在建筑领域中二者可有效结合，进而拓展社会资本融资路径。建筑行业中的绿色建筑领域基于"PPP+REITs"模式构建专门的"资金池"，广泛吸纳社会资本，实现"专款专用"，资金使用范围仅限于发展绿色低碳建筑，融资来源稳定可降低企业经营风险和财务风险，激发创新动力，促使建筑企业优先发展绿色低碳建筑。其次，出台建筑领域中的"PPP+REITs"运作模式的税收实操办法。具体来讲，房屋投资信托基金体系在资金吸纳和分红过程中都需要缴税，会导致"双重课税"的情况，因此必须针对建筑行业在运行"PPP+REITs"时出台详细可行的税收操作方法，存在"双重征税"时要免税或退税，切实降低建筑行业发展绿色建筑的成本。

第二，在建筑行业的项目管理上，积极推进绿色低碳政府与社会资本合作、房屋投资信托基金体系项目白名单和报批黑名单，结合上述模式概念和建筑行业特点，把垃圾分类项目建设、老旧供热管道改造工程、小区节能降碳建筑项目纳入绿色通道，优先上报，先行入库，优先获得项目资金，把部分工程建设纳入政府与社会资本合作、房屋投资信托基金体系项目申报白名单，并在后期资金申请、融资贷款中简化审批程序、优化申报过程、精简资质审查，以资金和政策双重保障建筑行业低碳发展；建立标准的、完善的绿色建筑评价标准，对于建材生产环节、建筑建造环节存在高污染、高耗能情况的企业实行"一票否决"制，对该部分企业建立黑名单库，不予申报政府与社会资本合作和房屋投资信托基金体系项目资金。还可对黑名单库中的企业实行融资限制，提高其银行贷款门槛和贷款利率。

4）发展交通运输行业低碳技术，提升交通运输行业资源利用效率

交通运输行业属于碳排放的重要领域之一，实现绿色发展、推动"碳中和"目标的实现，需要在交通领域"花大力气""下苦功夫"。实现更高效率、低碳、节约、清洁的新运输模式。中国既要继续调整交通运输结构，还要开发新的动力燃料技术。《中共中央 国务院关于完整准确全面贯彻新发展理念做好碳达峰碳中和工作的意见》以及《2030年前碳达峰行动方案》中，明确规定了后期管理工作重点是要确保交通行业的碳排放量增幅维持在合理平衡区域，同时要加快建设绿色动力能源和低碳运输体系。交通运输行业生产领域应以此为契机，多角度、

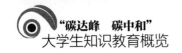

多方面选择节能减排发展途径，有效构建低碳社会。

国际能源署统计数据指出，交通领域较建筑领域、工业领域在"碳中和"实现过程中难度大、挑战严峻。数据显示全国终端碳排放中有15%属于交通运输部门，陆路交通的碳排放更是占到总交通运输行业碳排放的77%。具体原因为交通拥堵不断加剧CO_2排放增加，私家车出行比例较大带来大量碳排放的负面影响。因此交通运输部门的技术性减排、结构性减排、制度性减排、智慧交通网络构建、国际间合作交流成为低碳交通发展的重要路径选择。

（1）探索技术性减碳、结构性减碳途径，多角度实现交通领域低碳发展。交通运输的分类主要有铁道交通运输、高速公路运输工具、水路运输工具、航空运输工具等，实现交通运输行业低碳减排，控制和减排路径应从运输工具、运输活动和政策支持三个主体入手[①]，可从技术手段、结构调整两个方面实现（图6-13）。

第一，技术性减排主要通过研究开发新能源汽车、改造交通运输工具的燃料源，采用新的燃料结构取代传统化石燃料，最终实现低碳乃至零碳排放的要求。首先，在新能源汽车发展方面，应鼓励新能源汽车的研究开发与普及，逐步实现到2035年纯电动汽车成为生产主导，推进铁路运输电气化、水路运输工具天然气应用。航空运输工具和水路运输工具需不断探索研究更新换代，以技术促进运输工具减重、优化航线、采用替代燃料，设计安全实用的节能设备，对使用年限较长的运输工具改旧换新，拆解可利用器件，最大程度实现航空运输工具和水路运输工具循环利用；其次，城市公交汽车可全面研究并推广氢燃料电池能源，氢气燃料公交车排放物以水为主，能在较大程度上实现节能环保。电力公交车的推行需要配套基础设施，充电桩、蓄电池的研究与开发是实现电力汽车持续高效运行的必需，后期技术升级应注重于电力汽车蓄电池的高效充电、长期蓄电。充电桩的研究设计注重于快速充电、多接口供电；最后，公路运输工具需要加强机车轮胎技术的研究开发，轮胎科学合理使用必须在保证机车运行平稳的前提下减少CO_2排放，可以在轮胎中植入芯片，对轮胎购买、使用、翻新、报废全过程实施数据监控和全智能管理，分析轮胎可继续使用年限，并定期维护保养轮胎内外部，减少其损耗，当汽车数量较多时，该监控管理技术可有效实现节能减排，助力交通运输行业低碳绿色发展。

第二，结构性减排通过铁路运输、公路运输、水路运输、航空运输一体化管

①李健.低碳公路运输实现途径与碳排放交易机制研究[D].西安：长安大学，2013.

理，系统构建交通网络实现交通运输整体低碳排放。一方面，在全国范围内实现铁路、公路、水路、航空运输的网络构建，逐步形成以铁路、水路运输替代长距离、大数量的公路运输，实现交通运输系统低碳发展。在交通运输领域引入大数据、云计算技术构建全国货物运输路线图，探析节能减排运输模式，在保证降低成本的前提下，不断优化"公路转铁路、公路转水路"的结构设计；另一方面，把握交通治理发展大趋势，着力打造城市交通整体解决方案，城市交通运输工具是 CO_2 排放的主体，实现"碳达峰、碳中和"目标需注重解决城市交通领域低碳发展。具体来说，智慧城市交通构建需借助人工智能、"互联网＋"、云计算等新兴技术，合理规划城市路线，真正实现"使聪明的车行驶在智慧的道路上""聪明的车在智慧城市中选择最快的路"，城市路线网络的构建与智慧交通业务的布局可以推动智慧城市步上新台阶。在实现国内铁路、公路、水路、航空整体布局以及城市智慧交通网络结构构建后，交通运输工具以大数据分析为基础，借助运输网络协同规划蓝本、综合设计方案，在实际运输工作中选择最近的路径、最节能的方案，实现交通运输行业整体低碳绿色发展。

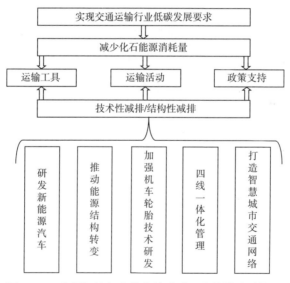

图 6-12　交通运输行业技术性减碳、结构性减碳构架

（2）建立健全交通运输行业低碳运行制度，助力行业绿色发展。制度性减排是以国家为主导，对高污高耗运输工具实施强制管理，针对新能源汽车研究开发和低碳技术运用的企业给予税收优惠或政策激励，激励我国交通运输行业深度参与碳交易市场交易。

第一，构建交通运输行业激励制度，对新能源汽车产业发展提出各种优惠奖励措施。在原有税收减免和小额贷款优惠基础上，应进一步完善新能源汽车生产设计、研发等配套奖励。完善资金补助监控体系，确保制度性减排行之有效。对新能源汽车重要零配件制造企业如发电机、动力源、节能减排装备生产与新能源技术企业、整机制造企业形成相互合作伙伴关系，并在日常经营工作中确实配套联系的，可根据业绩往来额予以双向奖励。这种办法对零配件制造企业和整机制造企业不但具有鼓励意义，还可以实现协同发展、相互促进、科技资源共享的良性局面；新能源企业在产品销售过程中，广告宣传费可类比于化妆品生产与营销、药品生产和饮品制造业（不含酒类制造）按不高于当年营业收入的 30% 予以企业所得税抵扣，但超出部分且尚未抵扣的准予在以后年度内结转，大力度的税收优惠可激励企业加快自身产品推广，打造一流品牌，从而提升产品质量；新能源汽车研究开发费用占企业成本较大比例，政府可基于新能源汽车销售数量额、销售完成指标给予单台车直接研发奖励。此举一方面可促进企业研发热情，推动国内新能源汽车走向世界。另一方面可激发企业主体销售动力，实现新能源汽车的普及。

第二，典型的清洁发展机制项目行业含有交通及燃料转换，公共交通的扩展等，根据交通运输行业特性提出以下路径选择。首先，将交通运输行业与社会生产、分享、配送、交换、消费等紧密联系在一起，统筹规划国家重大基础设施建设[①]与节能减排紧密挂钩，通过公共交通领域的清洁发展机制项目，为绿色发展奠定基础。其次，由地区到全国，结合交通运输行业 CO_2 排放差异以及与国民经济发展挂钩的情况，适度实施节能减排激励机制。在排放较大的地区如华东地区首先试点运行，在试点运行中发现问题并解决问题再逐渐推广到全国；最后，交通运输行业参与碳交易时，初期应以现货交易为主，逐步放开产品交易种类，后期可延伸到期货等金融衍生品交易。

（3）加强低碳交通人才培养，坚持实施创新驱动发展战略。交通运输部门与人民生活密切相关，不能采用"一刀切"的方式淘汰高污染高耗能的运输工具，应通过建立科研人才库，通过专业人才研究开发低碳交通，不断突破技术瓶颈，创新科研产品，循序渐进地推动交通运输行业低碳发展。

第一，高校应注重新型专业设立，注重低碳交通的实用性人才培养，以人

[①] 吴雯. 交通运输业碳排放时空差异与影响因素研究 [D]. 太原：太原理工大学，2019.

才为驱动力，推动低碳交通良性发展。首先，政府、企业、高校三方合作，政府提供政策支持、资金补助，企业提供研发平台，高校提供研发人员，在清楚社会人才需求基础下，不断培养务实型、可用型、创新型技术人才，以政企校"铁三角"模式增加交通运输行业的人才数量。在落实人才培养基础上，政府建立专门的"人才蓄积池"，以地区为划分单位，不断引进专业人才，给予人才引进补贴、落户积分，鼓励专业人才选择低碳交通方式；其次，低碳交通人才应当以复合型培养模式为主，不仅涉及工学理学和低碳技术研发领域，低碳管理新制度、碳指标核算与交易、低碳经济学理论等应当属于交通低碳人才的培养范围。总之，要想实现交通运输业低碳健康发展，人才培养必不可少，只有人才质量和数量达到一定指标后才能为交通领域低碳发展储备和输送大量后备军。

第二，不断落实交通运输行业创新驱动机制，在实现专业人才培养的基础上，以政府为主导开展低碳交通技术创新、产品革新专项行动。技术创新和产品革新主要集中在大型陆路集装箱车辆、大型飞机、新型燃料汽车、城市公交、高铁等运输工具。此外，前文提到不断加剧的交通拥堵使 CO_2 排放急剧增加，高速公路 ETC 效率提升和产品创新，汽车内燃机燃烧高效化研究势在必行，让汽车在堵车且不熄火的情况下 CO_2 少排放甚至零排放。

2. 中国"碳达峰、碳中和"消费领域路径选择

"三驾马车"中的居民消费是促进国民经济发展的主要原因之一，从不同国家消费情况看，居民消费形成的碳排放不断上升，选择合适的途径与手段有效遏制消费领域 CO_2 等温室气体的排放是低碳经济发展的必然选择。有研究表明，居民消费者产生的 CO_2 排放总量占到了整个国家碳排放总量的30%[①]，从消费结构来看，居民在居住、教育文化娱乐、生活用品及服务、医疗保健、交通通信、衣着、食品烟酒、其他用品及服务领域消费产生的 CO_2 排放量占比分别为48.06%、10.19%、5.18%、5.33%、13.67%、4.12%、12.38%、1.08%[②]。总而言之，消费领域碳排放较大，国内居民生活能源消费量仅次于工业能源消耗，居民能源消耗成为碳排放领域的重要来源[③]。因此，研究消费领域碳排放的驱动因素，并基于此提出节能减排、绿色消费的路径，对于有效控制和减少中国碳排放具有极为重要的意义。

---

① 姚亮，刘晶茹，王如松.中国城乡居民消费隐含的碳排放对比分析 [J].中国人口·资源与环境，2011，21（04）：25-29.

② 张君宇，宋猛，刘伯恩.中国二氧化碳排放现状与减排建议 [J/].中国国土资源经济，2022，35（04）：38-44+50.

③ 李虹，王帅.需求侧视角下中国隐含能源消费量及强度的影响因素 [J].资源科学，2021，43（09）：1728-1742.

落实绿色低碳发展目标，消费主体应该积极转变消费理念，主动选择低碳生活方式。首先放缓能源消耗，能源消费向多元清洁综合能源转型，以推动消费领域低碳目标的实现。2020 年，中国一次能源消费总量达 49.8 亿吨标准煤，有报告预测 2025 年、2030 年能源消耗分别为 56 亿吨、60 亿吨标准煤[①]，消费群体在消耗大量能源同时也排放出大量 CO_2 等温室气体。因此能源消费向多元清洁综合能源转型至关重要，由过去的单一能源选择向"氢、水、冷、热"多种新能源消费模式转变，逐步以低碳能源结构替代传统生活方式；其次，能源服务主体模式和消费者角色发生变化，能源消费者和能源供应者的关系由传统的供需模式转化为互动模式。传统消费观念中消费者注重价格，且在整个生产消费供应链中只能左右自己，不能有力影响生产、交易环节。当前，消费主体应从只关注价格转变为注重能源品质、能源安全性、产品使用对环境的影响、产品技术创新性等因素，当消费者角色和供应商发生互动时，就会倒逼生产者注重产品生产中的绿色低碳行为，使生产主体向高质量、绿色低碳领域转型；最后，数字化、智能化消费形式的选择对于碳减排有着重大意义。数字化和智能化选择是传统消费观念结合低碳消费理念提出的发展潜力巨大的消费模式。消费者自主把握主动权，以自身需求推动生产领域升级转型，同时将大数据、人工智能、云计算运用到日常生活中，在提高生活品质的同时助力"碳中和"目标如期实现（图 6-14）。

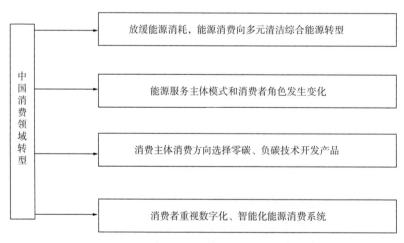

图 6-13　中国"碳达峰、碳中和"消费领域路径选择

---

① 国家统计局，中华人民共和国 2020 年国民经济和社会发展统计公报 [R].（2020-03-02）[2021-02-28].

　　根据国内消费领域发展现状和能源可能转型方向，结合生产领域路径选择以及国内外消费领域低碳发展情况，提出以下低碳发展路径。

　　1）建立推广消费领域碳交易类服务平台，构建居民消费碳减排体系

　　根据国内和国外发展情况，通过提供消费领域的低碳交易及服务平台，以实现工业生产领域到消费群体的碳减排约束。鼓励普通群众选择低碳生活方式，结合国内已有的类似碳交易服务平台以及与国外消费领域碳交易平台的接轨，构建碳交易普惠机制、低碳消费数据库旨在倡导消费群体低碳生活，减少消费过程中的资源排放和污染排放，调动人们的积极性，实现民众的普遍参与，将低碳减排、绿色生活的核心理念应用于社会公众的日常生活和消费行为中（图6-15）。

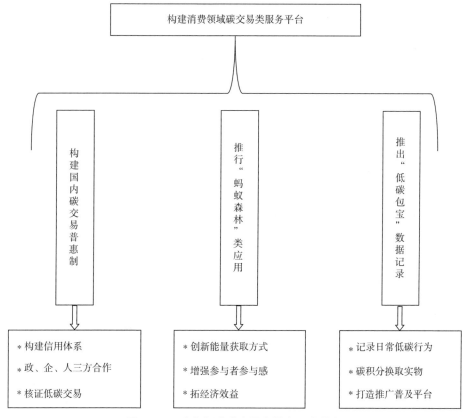

图 6-14　消费领域碳交易类服务平台构架

　　（1）合理构建国内碳普惠制，碳普惠制就是在现有生产领域推广碳的延伸扩展，进而将其导入到消费领域中。首先，碳普惠制可以形成一个长效的、灵活的

社会信用系统，通过大数据量化基础，引导全国人民积极参与低碳社会活动，在广大消费人群中扩大对低碳经济发展与绿色生态理念的传播和推广效果。以国家政策为导向，建立专业的交易服务平台和数据库系统，推广消费领域低碳交易制度。同时，也要建设公众数据共享平台，利用数据库系统和网络平台核证普通市民低碳活动实现的碳减排数量，将节水、节电、节气、选购新能源车等纳入可交易内容，或可用来换取商场优惠券；其次，在消费领域的碳普惠制需社会金融主动参与，中小企业金融机构进一步快速发展低碳信用卡、碳币等新兴的普惠金融产品，这些金融产品只能用于消费低碳产品。此外，与关联公司形成战略协作，构建政府部门、中小企业金融机构、企业三方合作关系，推动消费领域碳交易普惠制长足有效的发展。

（2）推行"蚂蚁森林"小应用。"蚂蚁森林"属于支付宝中低碳生活建设的小应用，用户通过徒步、扫码支付方式搭乘公交、地铁、公共单车，以及在生活中缴纳水电煤气、网上购票等绿色低碳活动降低的 CO_2 排放，开发者基于核定算法将该部分能源计算为虚拟能源，最后再由蚂蚁金服与公益伙伴共同在沙漠地带培育真实的树木。"蚂蚁森林"的推出将个人绿色消费行为转换为实际的 CO_2 减排贡献，全民积极参与，为"碳达峰、碳中和"目标实现，贡献群众力量；后期消费群体在利用"蚂蚁森林"能量种树时，可在树上挂上种树者名字与贡献量，增加消费群体的荣誉感，该机制不仅可以拓展树种类型，在适宜的环境中种植经济林，保护环境的同时还能带来经济收益。

（3）构建中国"低碳宝包"。"低碳宝包"通过市民体验与消费的方式打造"低碳生活家+"网络平台，致力于推行城市低碳生活，减少市民在消费过程中的资源耗费和污染物排放，让居民衣食住行的低碳生活数据与电商平台相对接。具体可以通过"低碳宝包"平台构建虚拟社区，消费者在选择低碳生活方式时可以产生相应的低碳积分，积分形式类似于"蚂蚁森林"中产生的能量。"低碳宝包"积累的积分可以用于交易或转换，在积分达到一定数额时可以到所在社区兑换实物，积分不够的可以让家人或朋友通过"低碳宝包"平台赠送转移。"低碳宝包"通过虚拟社区+实物奖励的模式正向激励消费群体在生活中主动选择低碳生活方式，具有相当大的开发潜力。这既准确把握了未来的生活方式，也结合了当下热点的互联网产品，形成政府、企业、消费者三方共同参与、共同受益的长足发展趋势。当然，"低碳宝包"在将虚拟社区和实物奖励相结合鼓励低碳生活之外，也可以将其打造成为一个低碳生活理念普及与推广平台、政府与企业低碳机制合作共建平台。在打通企业这一主体之后，居民"低碳宝包"中的积分不局限于在社区兑换物品，还可以利用"低碳宝包"中的积分币兑换商场奶茶、电影券等实实在在的东西。总之，"低碳宝包"平台的构建激发居民低碳消费的主动性，推进低碳社区、低碳社会向前发展。

2）推广绿色生活方式，培养民众绿色消费意识

促进消费领域低碳生活，制度与政策可以起到监督与督促作用，但是从长期来看，强制性的政策要求并不能有效实现消费群体低碳化生活方式转化。全社会开展低碳消费宣传、推广绿色生活方式对于绿色低碳消费的推进至关重要。以让消费群体从意识上接受绿色生活方式，提升对碳减排、资源节约的认识。消费群体主动选择低碳消费模式后，生产领域也会"被迫"选择绿色生产途径创造绿色产品，消费领域和生产领域共同推进"碳达峰、碳中和"长效实现机制（图 6-16）。

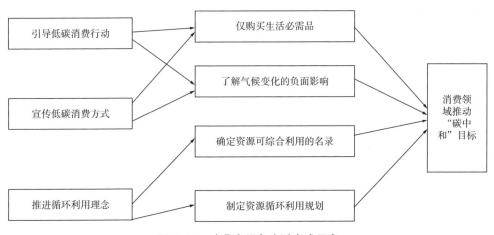

图 6-15 消费者绿色生活方式示意

（1）区别于生产领域的路径选择，消费领域主要是通过引导大众方式提升公民的低碳意识，继而达到约束碳排放的目的。工业化时期出现的大规模产出和巨大物质需求之后，造成了目前国内产业端和需求端严重过剩的情况。党的十九大报告明确提出：现阶段我国社会的主要矛盾是人民日益增长的美好生活需要和不平衡不充分发展之间的矛盾。2020 年属于全面建成小康社会之年，14 亿中国人彻底摆脱贫困，基本生活能得到完全满足。在此背景下，提倡简约健康、绿色低碳的生活方式也是时代发展之使然。首先，政府在保障人民生活品质不降低的前提下，鼓励消费主体逐步降低非必需物质采购量，对已有的基本生活物资逐步提

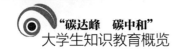

高使用率，以此达到减少资源环境开发、提升能源效率、改变能源结构的目的；其次，为了实现消费减排、绿色发展，政府与企业等主体也扮演着关键角色，政府应该给出合理的低碳消费指导意见，以社会公益形式带动消费主体节约减排，降低污染。企业也应该正确引导居民消费必需品，在国内形成节约资源、降低污染的良好氛围。

（2）在消费领域宣传推广低碳生活方式，更新消费主体对消费端 CO_2 减排益处的公众认识[1]。生产领域实现低碳绿色发展主要通过约束和激励两方面的手段实现，政府以低碳标准、法律框架等约束生产者在相应范围内开展生产活动，或给予税收、技术、补贴等激励，"碳中和"目标涉及范围广，包含经济社会的各方面，必须将消费主体引入，让消费者共同参与低碳减排。传统认知中，消费者认为碳减排、气候变化问题属于国家乃至全球政府的工作，此时应基于群体认识的不同，分别对消费群体给予宣传教育，告知气候上升、温室气体过量排放的危害与威胁，并向民众推广绿色生活方式，促使消费者主动选择低碳行为。

（3）推进资源综合利用、废弃物循环再生消费理念。首先，资源可综合利用的名录不清、使用方法不详，消费者难以主动选择低碳产品。对此，有关部门需出台配套方案，以政策形式界定可综合利用、循环使用物品；对于可循环利用的物质能源，消费者应积极参与其中，不随意丢弃，民众自身可反复利用的要积极开发其潜在功能，如废旧瓶子变插花瓶、废旧易拉罐变笔筒等。其次，废弃物循环再生也需要政府主体参与，从宏观层面制定资源循环利用的系统规划，并以街道、乡镇为单位设置可循环利用回收站，借用互联网平台，构建小程序、公众号等渠道，让消费主体在互联网上轻松查询可回收利用的物品，逐步创建"互联网＋物品回收"模式，构建数据网络，不断优化现有资源循环利用模式。政府部门鼓励社会资本参与资源回收利用，对于建立废弃物循环再生收购的企业给予税收优惠和社会通报表扬，实现消费主体自主解决消费领域产生的可循环物品。

3）提供低碳消费补贴和绿色金融服务，鼓励消费者选择绿色消费

目前，我国经济补助政策大多是面向列入绿色食品生产示范名录的绿色食品生产工厂、绿色食品工业园区、绿色供应链管理公司，对企业开展碳减排机制

① 庄贵阳 . 碳中和目标引领下的消费责任与政策建议 [J]. 人民论坛·学术前沿，2021（14）：62–68.

评估，对符合要求的企业给予一次性补贴或税收减免优惠。政策实施的主要对象是生产领域企业。家庭消费偏好对"碳达峰、碳中和"目标的实现极为重要，因此，国家应重视消费版块，出台配套政策，在短期内注重低碳产品、低碳服务、低碳生产的管理与监督。从长期来看，要着眼于关注消费群体参与的积极性，以政策手段激发消费者主动选择低碳产品的积极性与主动性，以消费者消费倾向"倒逼"企业生产路径转型。

（1）政府可采取奖励和激励手段普及低碳消费。消费者激励机制的有效运行需实现政府部门、企业、消费者达成三方共识。政府财政预算中涉及低碳消费补贴、企业有动力研究开发或销售低碳产品，消费者在选择低碳产品同时能获得补贴奖励，三方以"铁三角"模式才能形成消费领域低碳选择的良好局面。具体而言，政府对于选择低碳消费行为的居民给予补贴奖励，比如消费者可通过以旧换新的方式选择节能家电，摒弃过去的含氟冰箱、耗能电视等电器，以旧换新产生的差价可由政府给予一定比例补贴，鼓励消费群体选择节能低碳家电；对于选择一次性消费物品的群体可增加其消费成本，提高一次性物品附加价格，同时，商店、餐馆减少一次性物品的提供，鼓励消费群体选择可循环、低碳环保的生活物品。

（2）推动发展绿色低碳消费信贷等绿色金融服务，对于选择低碳节能产品的消费者给予小额信贷或消费端咨询代理服务[①]。设立以绿色金融为特点的消费金融公司，选定目标客户群体，以金融资本形式支持消费群体选择绿色低碳产品。绿色金融消费公司构建大数据库，记录具有良好信用且具有绿色消费习惯的客户群体，对该部门客户群体按照绿色消费领域细分，并给予差异化、定制化的产品与信贷服务，绿色小额信贷贷款利率应低于一般贷款；向具有绿色低碳消费习惯的顾客群提供咨询服务、保险代理服务，绿色金融消费公司开通"绿色通道"，针对绿色消费特殊人群给予"一站式""快捷式"信息咨询服务；消费者在选择购买节能产品、新能源汽车、绿色家装产品、电动车等环保绿色消费品时，绿色金融消费公司可提供小额无担保信贷，满足一般消费群体的生活需求。低碳消费信贷等绿色金融的开展，应以国家银行和地方政策性商业银行为主体，对开展相关服务的地方商业银行，国家可予以补贴奖励，对地方商业银行因绿色金融服务而进行的再贷款也提供低利率激励手段。

---

① 薄凡，庄贵阳."双碳"目标下低碳消费的作用机制和推进政策 [J/OL]. 北京工业大学学报（社会科学版），2022，22（01）：70-80.

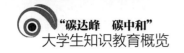

4）发展新型生活模式、拓展绿色消费渠道，助力"碳中和"目标如期实现

绿色高效消费模式的构建是国家低碳循环经济发展的重要一环，当前绿色发展已经由生产端逐渐转移到消费端，绿色消费模式是国家经济高质量发展的新动力，在推动环保产业正向发展的同时，也拉动经济长效增长。因此，绿色消费模式对于发展格局有支撑作用，在消费端注重"数字经济+"模式构建，以人工智能、云计算、区块链技术推动消费群体主动选择低碳消费方式。另外，政府部门在绿色消费模式构建中至关重要，制定"碳标签"、国家绿色通用标准，只有政府、企业、消费个人三方群体有机结合，切实推动低碳社会构建。

（1）数字经济和新型办公方式助力"碳达峰、碳中和"目标实现。人工智能、云计算、区块链等数字技术在生产领域有相当广泛的运用和潜在市场，消费领域中以"数字经济+"的模式来实现碳减排。数字经济具有开放式、网络式特点，数字经济平台将消费群体和生产厂商建立直接联系，基于数据算法，生产者可以第一时间把握消费者需求，并基于此推出符合消费者意向的绿色产品。此举既激发了消费群体低碳消费的动力，也让生产厂商清楚绿色产品生产发展的方向。数字经济还可以拓展到"AI+生活"，出行前利用平台规划最优路线，形成城市智慧布局，在交通行驶过程中减少堵车发生的概率，汽车以最快时间到达目的地，从而减少机车 CO_2 等温室气体的排放；"AI+生活"还可以应用到家庭电力、照明灯、煤气、水的监控，出行后通过一部手机就可以快速了解家中电器、水、气是否关闭，并通过"AI+生活"平台可实现一键关闭，节约资源，减少浪费，平台还能按月度、季度统计家庭用水量、用电量、用气量，以可视化动图展示家庭资源耗用变化情况，智能推出节能方式，按领域、按时间向消费群体提出资源节约路径和方式。新冠疫情下，网上办公成为趋势。"碳达峰、碳中和"目标下，大力推进无纸化办公，构建安全完善的系统平台，实现材料报送、修改、存档全线上操作，对于必须纸质版存档的资料采用环保纸打印，无纸化办公有节约空间、减少纸质浪费等优点，但是需要相关技术的配套支持，计算机用户端、云存储读取、安全系统构建都必须协同推进，才能使无纸化办公模式真正行之有效、广泛推行。

（2）政府部门在消费领域制定绿色产品和低碳消费行为的通用国家标准以及"碳标签"制定之后，以"互联网+"的模式拓展数字化生活平台，让消费者能通过一部手机查询周边绿色商家、低碳产品，在向消费群体普及低碳产品的同时，促进消费者主动选择绿色低碳产品。在此过程中，国家监管部门起着重要作用，一方面以国家标准认证低碳绿色商家和产品，另一方面对购买绿色产品的消费者给予优惠支持，商店建立"绿色积分"，在积分达到一定额度后可用于兑换产品，以此鼓励消费者在商品选择时偏向绿色商品；以社区为单位实施"低碳积分"行动，通过建立大数据平台了解居民在生活中践行垃圾分类、绿色出行的情况，对于做得好的民众给予"低碳积分"累加，设定积分兑换标准和兑换额度，对于达到一定"低碳积分"的居民给予实物奖励。社区还可以与已认证低碳绿色产品的商家建立联系，形成"绿色积分"和"低碳积分"互相兑换制度，构建起社区和商店互通网络。商店"绿色积分"和社区"低碳积分"的有效实施必须要有配套政策支持，政府为小微企业提供贷款优惠、税收减免是促进商店发展绿色产品的动力。

5）提倡共享消费，拓展消费主体生活理念

共享经济具体指消费主体利用物品共享的方法，进行产品价值创新、转化与实现。"互联网+"带来行业发展巨变，基于实践产生的共享经济将成为一种崭新的经济模式。有统计数据显示，2015年共享经济在全世界达到了8100亿美元的交易成交额，普华永道预计2025年共享经济将达到2300亿英镑的成交额。共享经济在消费领域与低碳生活有共通之处，"共享闲置""使用但不占有""资源循环使用"等共享经济理论与低碳生活发展要求契合。因此，在消费领域构建共享消费机制，对于资源高效利用、生态文明建设目标有效落实、绿色生活方式积极推进意义重大，国家应给予政策和资金支持，鼓励社会资本融入，以"合力"构建共享消费平台，从而促进群众低碳生活、绿色消费。

第一，在基于共享主体差异发展适当的共享经济模式。根据供给侧和需求侧主体不同，目前已存在B2B、B2C、C2B、C2C、G2C几种共享模式，普通居民消费中主要涉及C2C模式，可构建开放式平台，以组织形式降低共享经济运行成本，如咸鱼APP、转转APP，个人将不用的书籍、电脑物品等放在平台上，购买者通过平台下单，实现"让闲置的物品流动起来"。共享经济的出现拓展了传统消费模式，减少自身浪费的同时满足了他人的需求，实现"双赢"局面。

第二，不断拓展共享领域，将共享消费渗入日常生活和工作之中。目前，我国共享经济领域主要指的是共享单车、公共充电宝等出行和日用品方面。共享模

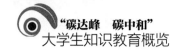

式在衣食住行几个方面尚未完全覆盖，有关部门和社会资本可以推行打造共享厨房、共享健身房、共享会议室、共享茶馆、共享书房等，充分利用闲置资源，在保证使用安全的前提下实现资源利用效率最大化。居民消费的共享可推进到企业设备、企业厂房、物流专线等领域的共享，实现"闲置的资源也能生钱""使用闲置资源可以省钱"的双向互利模式，在平台构建完善的基础上，让共享模式在消费领域"满地开花"，让绿色消费深入人民工作生活的各个领域。

七 大学生可以做什么，如何做？

青年群体是时代发展的主力军，也是践行低碳生活、推动绿色生活的重要人群。"碳达峰、碳中和"背景下，大学生在生活学习中更应自觉选择低碳行为，用自身行动践行低碳理念。另外大学生群体对新鲜事物接受能力强，思想认识丰富且趋于理性，属于推进低碳生活方式、传播低碳思想理念、普及"碳达峰、碳中和"知识的潜在人群和中坚力量。因此，大学生群体主动投身低碳生活实践，引导周边人群选择低碳生活方式，对于低碳社会的构建极为重要[①]。具体来讲，大学生群体可利用自身专业背景，积极投身于减碳增汇实践；在低碳校园构建中，大学生应敢于争先，以"绿色标兵"参与低碳校园建设；以自身实际行动力行低碳消费，为低碳社会的合理构建贡献自己的力量；大学生群体学习能力强，能较快掌握新知识、新理论，大学生群体应积极主动投身到低碳知识宣传与普及中；高校应支持在校学生搭建低碳实践平台，构建绿色社团，积极引进与低碳实践相关的社会公益活动，高校充当学生与社会实践的桥梁纽带，实现低碳知识走进社会、社会实践走入校园的良好互动局面。

（一）大学生依托专业背景，积极致力于减碳增汇实践

实现"碳达峰、碳中和"目标一般包括两大途径，一是减排，二是增汇。增加碳汇的主要方式是种植树木，种植树木整体而言成本较低，且通过种植树木还能出售木材从而产生经济效益，这在一定程度还可以促进当地经济。第二十六届联合国气候会议（COP26）于 2021 年 10 月 31 日在苏格兰格拉斯哥召开，大会立足于探讨气候解决措施，如何运用大自然之能力处理气候变化问题。植树造林工程对缓解气候变暖、抵御自然灾害具有积极意义，目前世界林地面积将占到总陆地面积的 80%，而林地的碳储备也将占到总生态系统中碳储备的 80%[②]，其中，人工造林在调节气候变化的全球碳循环方面具有巨大的潜

---

① 宋兴怡，苏天照，姜峰，苏果云. 在大学生中推行低碳生活方式的意义与策略 [J]. 中国电力教育，2012（16）：127–128.

② Pan Y，Birdsey R A，Fang J，et al. A large and persistent carbon sink in the world's forests[J]. Science，2011，333（6045）：988–993.

力[1]，人工植树造林形成的碳汇被认为是减缓全球气候变化的重要选择。FAO 发布的评估报告也肯定了中国人工造林对全球气候减缓的积极影响[2]。大学生可依托其专业背景，积极投身于植树造林、减碳增汇的实践中，借助所学专业知识参与森林经营、保育维护，从森林增汇角度减少大气中 CO_2 含量，助力 2060 年"碳中和"目标如期实现。

（1）目前，我国各大高校专业设置趋于多元化，高校学生在选修课的选择上也不再局限于自身所学专业，跨专业、跨学院学习已成为在校大学生课程选择倾向。在"碳达峰、碳中和"背景下，高校可积极设立森林碳汇、林业碳汇、气候学、森林保护、森林资源调查与规划等方面的课程，学生可结合自身兴趣爱好选择与减碳增汇理论相关的课程，课程学习后积极投身实践，为减碳增汇做出自身贡献。具体来说，林学、森林经营与管理、森林经理学、气候学、环境学科的同学应走进自然，利用自己所学专业致力于森林保护、维护管理等实践活动；气候学、环境学科的同学利用自身所学专业深入基层向群众普及气候变化的威胁；机械、能源动力类、工程制造类专业学生可利用自身所学做小发明、小创造，借用学校实验室资源研究简单的水龙头节水装置、浇花喷头的花洒装置，真正实现节能节水、低碳环保；艺术、美术、设计类的学生可基于专业所学，利用废书废报、塑料瓶、快递纸盒等设计实用的生活小物品，美术学生通过绘制节能环保的手画图、创意海报向师生传递低碳生活、保护环境的重要性；保护生物多样性是遏制气候变化的重要手段，生物科学、生态学学生积极投身于生态保护，将课本中的生物与环境、生态规划与工程、环境评价等课本知识转换为社会实践，保护生物多样性，以积极行动应对气候变化问题。

（2）高校可构建专门的交流场所，聘请气候学、环境保护学科、生物多样性保护学科的老师向学生讲解遏制气候变化的重大意义和具体措施。定期举办读书会，以气候变化、环保教育、低碳生活等为交流的主要内容，广大教师和学生畅所欲言，定期以读书会形式及时公布我国应对气候变化的政策措施，"碳达峰、碳中和"等目标的具体实施状况等，使得广大学校教师真正了解建设低碳学校的重要意义与措施；不同学科专业的学生可结合自身所学为构建低碳校园建设、社会减碳增汇、低碳社会建言献策，在讨论中能延伸出更多想法；单学科领域在减

---

① Hoque M Z, Cui S, Islam I, et al. Dynamics of plantation forest development and ecosystem carbon storage change in coastal Bangladesh[J]. Ecological Indicators, 2021, 130：107954.

② FAO. Global forest resources assessment 2015, main report [R]. FAO Forestry Paper 140. Rome：FAO, 2015.

碳增汇实践中力量有限，考虑不全面，读书会、交流团的构建形成多学科交叉研究，如气候学和林学专业的学生相互协助，从减排和增汇两个角度入手应对气候变化问题，相互之间可以形成"合力"更好地实践于低碳社会、低碳校园的建设；学校可针对读书会、交流团体设立专项基金，用于减碳增汇实践的经费支出，对于有实用价值的小发明、小创造，学校可以推广发明创造，并基于一定奖励，激发学生主体活力。

（二）大学生以绿色标兵参与低碳校园建设，为示范型低碳校园建设贡献力量

低碳校园的建设可以进一步推动零碳校园观念的普及，助力校园"碳中和"落实，在学生群体中普及"双碳"概念。因此，低碳校园建设需要学生普遍参与，学生参与低碳校园建设时须主动作为，学校也可以设立班级低碳先锋或寝室标兵形成良性竞争，促进整个群体积极争先，为示范低碳校园建设贡献各自的力量。

（1）高校大学生群体生活较为集中，产生的生活垃圾较多，构建低碳校园，垃圾分类属于至关重要的环节。学校构建大数据库，记录学生绿色低碳生活轨迹，基于数据记录定期评选"校园绿色标兵"。垃圾分类的有效推行需要学校制定相应管理制度、积极宣传垃圾分类公约、引进垃圾分类回收机，学校应强化垃圾分类的过程管理与结果管理并重，利用大数据库实时记录学生生活垃圾分类的践行情况。具体来说，学校在开展垃圾分类实践活动之前，可以对学生展开垃圾分类常识培训和宣传，并开展垃圾分类知识竞赛，让学生真正掌握并牢记垃圾分类要领；垃圾分类知识普及后，可以寝室为单位，轮流负责本寝室垃圾分类，做到分类投放，数据平台记录学生寝室垃圾分类落实情况，按周或按月评选"绿色标兵"，以榜样鼓励其他学生参与垃圾分类等低碳行为。对于长期垃圾不分类投放的班级和寝室，数据平台记录其负面记录，负面记录达到一定数量后对外公布，学生要消除负面记录需要主动参与到垃圾分类实践中，以积极行为抵消消极记录，从奖惩两个角度鼓励学生主动作为，积极参与低碳校园建设。

（2）标兵榜样的运行模式还可以延伸到节约用水、节约用电、节约用纸领域。学校开发校园小程序或公众号，设立寝室用水用电板块、学生低碳活动、低碳宣传板块。其中，寝室用水用电板块以班级或寝室为单位，采用智能化系统监测用电、用水情况，宿舍管理委员会、学院学生会定期公布寝室或班级资源耗用

动态变化情况，绘制可视化动态趋势图，采用智能化手段分析班级或寝室的用水用电行为，并提出切实可行的节能减排建议。另一方面，对班级或寝室水电使用量排序，对于节约用水、节约用电明显的班级或寝室颁发"低碳班集体""低碳寝室"等荣誉称号，荣誉称号采取流动制，坚持低碳生活的班级、寝室可以长期获得称号奖励，对于不能一以贯之执行低碳行动的群体取消其称号，形成竞争制，充分调动大学生群体节能减排、低碳生活的积极性；小程序或公众号中的学生低碳活动板块用于记录学生参与绿色出行、光盘行动、垃圾回收等低碳活动的践行情况，将上述低碳活动直接量化为低碳积分，学生参与越多积分累计越多，学校定期评选"优秀个人""低碳卫士"等称号，对于评选上的个人学校给予优秀通报和评优评奖加分，此举可从根本上激发学生主体的积极性，让学生主动加入低碳减排的实践活动中；低碳宣传板块属于低碳案例、环保常识的宣传主阵地，低碳宣传板块可与"绿色标兵""低碳卫士""优秀个人"评定密切结合，对于评选上的个人和集体，在宣传平台上定期公布，增加个人的参与感和集体荣誉感。

（三）大学生力行低碳消费，为构建低碳社会添砖加瓦

我国高校学生人数多、消费潜力大、集中消费形式明显，在大学生群体中建立节约型的绿色低碳生活方式，改变便利消费、一次性消费习惯对于构建低碳社会，落实"碳达峰、碳中和"目标意义重大。

（1）高效回收利用快递件相关材料。快件所用的包裹材料，主要分为运单、封套、纸盒、塑料袋、编织袋、胶布、缓冲物等，均可充分回收利用。当前网络购物已成为大学生的首选购买方法，很多学生在接受物流后把纸箱、塑料箱等包装物作为生活垃圾，不但耗费了大量资源，也对周围环境产生了不可逆的环境污染。有统计资料表明，快件包裹所产生的袋装垃圾数量超过了百万吨，但回收率却不到10%。在"双十一""双十二"等购物节中产生的快递包装物更是远远大于平时生活购物。在校大学生属于密集群体，新冠疫情之下，网上购物频率更是大于平时，因此大学生应以自身行动践行绿色低碳生活。在收到快递后尽量在快递站点拆除包裹，将纸盒、完整的塑封袋、缓冲物等留在快递点，以便二次使用，快递站点对留下包装物的学生进行电子登记，在学生对外邮寄快递时不再收取其包装费用，以此实现"双赢"；在拆除快递时尽量按照胶带封口位置拆开，不暴力拆箱导致纸盒、包装袋破损影响二次使用，快递寄出方在保证包装物不破

损、不泄露的前提下，避免胶带对纸盒的反复缠绕；大学生在对外邮寄物品时，尽量选择电子表单、电子回执单，减少纸质单据的使用，通过线上下单，提前预约，保证效率同时减少资源浪费；目前，可循环使用的网购物品塑料包装袋会印有相应标志，大学生可主动留存此类包装袋，在对外邮寄快递时也主动选择带有绿色标志的包装袋。

（2）积极践行绿色出行，保持低碳生活方式。绿色出行指低碳出行方法，大学生在出行时可主动选取能降低 CO_2 排放的交通方式，对环境影响较小，节约资源的同时起到锻炼身体的作用。在校大学生外出时尽可能选择使用公共交通工具，如地铁、公交等，近距离外出时可选择徒步或公共单车。若是自己开车出行，在室内外气温都适宜的情况下尽可能不要打开车内空调。在长时间等候红绿灯或汽车靠边停放时也尽可能关掉汽车发动机以降低温室气体排放；学生在校内选择代步工具时也应以电动车、自行车为首要选择对象，学校按照合理的距离设置校园站点，积极引入公共单车、共享电瓶车等，逐步降低校内汽车的使用频次，以绿色出行方式实现低碳生活。

（四）大学生积极参与"碳达峰、碳中和"知识宣传与普及

大学生在主动学习碳减排知识的基础上，充当知识传递者的角色。大学生知识接受速度快、知识拓展途径多、新事物学习能力强。"碳达峰、碳中和"目标提出后，大学生群体可多渠道、多角度了解其提出背景、内涵及意义，在研究透彻新概念、新提法的基础上，向大众宣传普及"碳达峰、碳中和"相关知识。

（1）大学生积极开拓新媒体渠道对外普及"碳达峰、碳中和"知识。大学生本身对新知识获取能力较强、学习速度较快，能系统完善学习"碳达峰、碳中和"相关知识，是较好的知识宣传和输出群体。青少年群体中媒介使用频率依次为网络 70.9%、电视 13.5%、报纸书刊 10.9%、广播音频 4.7%[1]，网络媒介的使用对于低碳消费观念至关重要。以学校为单位，构建网络、社交媒体、微博、微信公众号等宣传平台，在校大学生可注册账号定期在平台上发布"碳达峰、碳中和"目标的推进与落实情况，借助鲜活生动的案例通过平台宣传低碳生活的益处。平台设置转发功能，大学生主体可将感兴趣、有意义的话题通过微信、QQ、微博等青少年人群常用的社交软件对外转发，形成舆论共识；大学生在普及低碳

---

[1] 任云良.90后大学生低碳行为干预途径初探 [J]. 无锡职业技术学院学报，2013，12（05）：74-77.

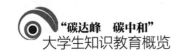
知识时可拓展媒介形式，不拘泥于文字讲解或专业术语的剖析论证，以生动趣味的小视频、气候变暖造成人类栖息地受到威胁的图片，视频和图片传播对青少年形成视觉冲击，让大学生群体更深层次认知低碳生活对于国家乃至全球可持续发展的巨大贡献。

（2）大学生可以利用暑期"三下乡""逐梦计划"等社会实践活动走进社会开展低碳宣传。大学生"三下乡"活动指的是文化、科技、卫生下乡活动，青年大学生将科学技术、社会文化、健康知识带到社会发展相对落后的地区，这也是一个将"双碳"知识传播到基层民众的宝贵机会。大学生若以大量生动的例子、通俗的话语系统、全面地向民众传达我国政府对于气候变化的政策，科普废物分类、节能减排、低碳生活等环保科学知识，将晦涩难懂的概念以"大白话"形式向居民讲解，这不仅可以科普低碳知识，也能增强自身对低碳理念的认知。大学生在低碳环保生活"三下乡"活动中除了知识的普及，环保生活小妙招的宣传也极为重要，比如利用淘米水浇花或冲马桶、购物自带购物袋减少白色污染、夏天空调使用调至26℃为宜、日常生活中注重垃圾分类保证资源循环利用。大学生利用暑期"三下乡"社会实践活动做低碳知识和低碳生活实践的宣传，当地居民具有新鲜感，易于采纳接受，大学生自身也在不断提高自身的低碳知识和环保意识，学生和居民相互学习，共担环保责任；各省教育厅、人社厅、学联可联合开展以全日制在校大学为对象的进基层、进社会服务机构的低碳专项社会实习计划，大学生以实习身份或社会服务机构志愿者身份走进社区，张贴"节约用水""低碳生活""保护环境"等标语，只有深入到基层普及低碳生活相关知识，人民群众从思想深处重视低碳生活观念，整个社会才能有效推进环境友好型、资源节约型的低碳发展理念；低碳知识、绿色生活方式的普及需要长期推行下去，高校可与社区开展支部共建，形成互鉴互学、优势互补的常态化交流机制，大学生定期到社区开展低碳知识普及，向基层群众宣传国内外低碳发展现状，社区向在校大学生提供低碳活动实践平台，以实践和理论相融合的方式，推动党建引领的社区低碳治理和高效低碳实践更上一台阶。

（五）高校主动拓展低碳实践平台，助力大学生投身低碳校园活动

鼓励大学生参与低碳校园建设，前提是要打造校园低碳消费文化。低碳校园文化本质是积极向学生推广低碳消费思想观念、生活理念、行为习惯，高校是文化建设、思想传播的主阵地，学校应将校园文化和低碳文化融合渗透，学校思政

教育应延伸低碳理念版块，继而构建完善的校园低碳教育体制。

（1）构建低碳校园需要师生共同参与，从点滴做起，校园自身也要注意宣传教育和引导师生群体积极参与。具体而言，学校可利用广播、校报、微信公众号等平台定期向师生推出构建低碳校园的新闻与措施，普及低碳生活对个人、学校、国家的益处；学校人群密集，每天产生的食物垃圾数量极大，学校可以将校园内产生的食物垃圾配送给有关农场、蔬菜种植基地，将食物垃圾作为肥料，做到以肥养地，而后以低于市场的价格向蔬菜种植基地购入绿色有机食品，这样既实现了学校饮食原材料的绿色有机，也解决了学校食物垃圾的排放问题。同时，还节约了采购环节的运输费、配送费、人力费等，形成学校和农场良性互动的局面。有条件的学校还可以自己修建蔬菜种植基地或租赁校外农场建立蔬菜果园，鼓励学生自我参与，此举一方面增强学生低碳活动践行参与感，另一方面让学生更深层次认识绿色和低碳的内涵。

（2）大力支持大学生绿色低碳社团建设，强化学生自我管理低碳生活行为[1]。低碳社团应定位为自我组织、自我管理、自我普及，社团可定期开展校园绿色低碳生活系列活动，鼓励学生积极参与，以活动推广理念，用行动践行低碳，培养在校大学生环保意识，具体可定期开展"变废为宝"系列大学生DIY活动，活动原材料要求为废弃的瓦楞纸板、废弃的矿泉水瓶、废弃纸盒等，发挥学生想象力，利用对低碳环保的认识。以可循环原材料设计各种创意作品，对作品进行展示，学生打分投票，选出最有意义、最有创意的作品进行表彰奖励，并长期展览作品；低碳社团还可以开展短视频、图片、海报征集活动，学生群体在视频拍摄、作品创作过程也可加深低碳知识的认知，既能调动学生积极性，又能实现知识普及的双重目的；支付宝软件中的"蚂蚁森林"有定期收集能量、种树浇水的公益性活动，能量获取需要大学生自身的低碳生活，如扫码乘坐公交车、地铁，扫码使用共享单车等。社团活动以学校名义在支付宝"蚂蚁森林"版块种植学校公益林，号召社团会员积极浇水维护，定期查看浇水贡献量，并按照浇水量排名给予通报表扬，或则给予实物奖励，此举一方面可激发学生集体荣誉感，另一方面可促进大学生主动选择低碳生活方式。

（3）学校主动引入低碳绿色相关的社会公益活动，让低碳校园建设有效衔接社会"碳达峰、碳中和"目标的落实。低碳社会公益活动走进校园一方面可以使

---

[1] 张馨. 大学生低碳生活教育 [M]. 北京：新华出版社，2014.

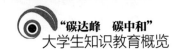
在校大学生深入了解社会低碳建设现状和进程，另一方面可以现实生动的案例向在校大学生普及低碳知识；学校和社会公益团体达成合作，鼓励学生积极参与公益团体志愿者，学生参与志愿者活动之后可以计入第二课堂学分，学校和公益团体给予学生一定报酬。此外，学校和校外公益团体可定期开展践行绿色低碳的活动，比如开展绿色骑行、走进生态公园、保护母亲河等活动，让学生在娱乐中学习知识，也有益于我国低碳生活教育的推广。